소설속에 과학이 쏙쏙!!

소설 속에 과학이 쏙쏙!!

장정찬 · 손영운

이치 ichi SCIENCE

소설의 세계에서는 인간의 상상력과 경험을 재미있게 다룹니다. 소설을 읽다보면 아주 어려운 과학적 내용을 이해하기 쉽게 전개하고 있는 것을 볼 수 있지요. 우리가 살고 있는 이 세계를 구성하고 있는 물질과 정반대의 성질을 가진 반물질(反物質), 아인슈타인의 일반상대성 원리 등 어려운 과학 지식이 소설의 제재로 또는 주제로 사용되는 경우가 많잖아요. 탄탄하게 구성된 소설의 이야기 속에서, 작가의 상상력과 글솜씨 덕분에 우리는 새로운 경험과 상상력을 키울 수 있지요.

　베르나르 베르베르는 집에 개미집을 옮겨 놓고 몇 년 동안 관찰하고 연구하면서 얻은 풍부한 경험과 지식으로 《개미》를 집필했고, 쥘 베른은 19세기 초, 발달하는 자연과학을 깊이 이해하면서 다양한 미래 공상과학 소설을 집필했습니다.

　메리 셸리는 19세의 젊은 처녀 시절에 '누가 더 무서운 이야기를 지어내는가'에 건 내기에서 이기기 위해 《프랑켄슈타인》을 썼다지요. 그녀의 소설은 순수한 상상의 산물이라고 하기엔 너무나 현대의 과학을 정확히 예언하고 있답니다. 오늘날에도 해결하지 못하고 있는 장기 이식 및 조합 시술을 소설로 표현했으니, 그녀의 상상력이 참 대단하지요.

　《소설 속에 과학이 쏙쏙!!》은 이처럼 소설 속에 숨어 있는 과학 지식을, 과학적 시각에서 좀더 깊이 있게 파헤쳐 본 것입니다. 개념만 어렴풋하게 알고 있는 과학적 사실들, 자세히 관심을 가지고 공부하지 않으면 그냥 지나쳐 버릴 일반적 과학 상식을 좀더 깊이 다루고 있습니다.

　소설을 읽다가 도저히 알 수 없는 단어는 사전을 찾지만, 알고 있는 단어를 사전에서 찾지는 않지요. 사전에서 알고 있는 단어를 다시 찾아보면 많은 정보가 담겨 있는 경우가 많듯이, 이 책도 여러분들에게 그런 도움이 되었으면 합니다. 또한 이 책을 통해 학생들이 과학에 깊은 관심을 가지게 되었으면 하는 바람입니다.

2006년 1월
장정찬 · 손영운

CONTENTS

01

동이는 허생원의 아들일까?

사람의 유전 형질

허생원은 젖은 옷을 웬만큼 짜서 입었다. 이가 덜덜 갈리고 가슴이 떨리며 몹시도 추웠으나 마음은 알 수 없이 둥실둥실 가벼웠다.
「주막까지 부지런히 가세나. 뜰에 불을 피우고 훗훗이 쉬어. 나귀에겐 더운물을 끓여주고. 내일 대화장 보고는 제천이다.」
「생원도 제천으로……?」
「오래간만에 가보고 싶어. 동행하려나, 동이?」
나귀가 걷기 시작하였을 때 동이의 채찍은 왼손에 있었다. 오랫동안 아둑신이같이 눈이 어둡던 허생원도 요번만은 동이의 왼손잡이가 눈에 띄지 않을 수 없었다. 걸음도 해깝고 방울소리가 밤 벌판에 한층 청청하게 울렸다. 달이 어지간히 기울어졌다.

〈메밀꽃 필 무렵〉 중

앞 글은 이효석의 〈메밀꽃 필 무렵〉이라는 소설의 일부입니다. 닷새마다 서는 오일장을 떠돌아다니는 장돌뱅이인 허생원과 조선달은 봉평장 충주집에서 젊은 장돌뱅이 동이를 만납니다.

허생원은 농탕질을 하는 동이가 못마땅해 혼을 내지만,

이효석 李孝石

1907. 2. 23~1942. 5. 25
강원도 평창(平昌)에서 태어나 경성
제국대학 법문학부 영문과를 졸업하
고, 평양 숭실 전문학교 교수가 되
었다. 1928년 〈조선지광〉의 단편
〈도시와 유령〉으로 데뷔하였고, 〈행
진곡〉, 〈돈〉, 〈수탉〉, 〈들〉 등 향토색
이 짙은 작품을 발표하였다. 〈메밀
꽃 필 무렵〉은 한국 단편문학의 전
형적인 수작이라 할 수 있다.

그날 밤 그들 셋은 소금을 뿌린 듯이 흐뭇한 달빛에 숨이 막
힐 지경으로 핀 메밀밭 산길을 걷게 됩니다.

왼손잡이인 허생원은 젊었을 때, 메밀꽃이 하얗게 핀 달
밤에 봉평의 개울가 물레방앗간에서 어떤 처녀와 밤을 새운
이야기를 합니다. 동이도 자기는 아버지가 누구인지도 모르
고 의붓아버지 밑에서 고생을 하다가 집을 뛰쳐나왔으며, 어
머니는 홀로 살고 계시다는 얘기를 합니다.

다시 만나지 못한 처녀를 못내 그리워하며 살아가는 허
생원에게 아버지 없이 홀어머니 밑에서 자랐다는 동이는 왠
지 친밀감이 듭니다. 어머니의 친정이 봉평이라나… 동이도
나귀를 모는 채찍을 왼손에 잡고… 허생원은 자신과 같이 왼
손잡이인 동이가 혹시나 자신의 아들이 아닐까 하는 마음을
갖습니다. 동이는 과연 허생원의 아들일까요?

왼손잡이는 유전일까요?

늙은 허생원이 냇물을 건너다 발을 헛디뎌 빠지는 바
람에 동이에게 업히게 되는데, 허생원은 동이
모친의 친정이 봉평이라는 사실과 동이가 자
기와 똑같이 왼손잡이인 것을 알고는 '혹시
동이가 내 아들일지도 모른다' 라는 감회와
기대에 사로잡히게 됩니다. 그들은 동이 어머
니가 현재 살고 있다는 제천으로 가기로 작정
하고 발길을 옮기게 되지요.

소설 속에서, 허생원이 왼손잡이이고 또한

동이가 왼손잡이라는 사실 이외에는 두 사람의 관계를 추정할 단서는 찾기 어렵습니다. 그러나 동이의 불분명한 출생 내력과 어머니의 여러 가지 정황이 두 사람의 관계를 혹시 '부자(父子) 사이가 아닐까?' 하는 추측을 가능하게 합니다.

이 소설의 가장 핵심적인 고리인 '왼손잡이가 유전되는 것인가' 하는 문제로 많은 논란이 있었습니다. 비평가들이 왼손잡이는 유전되지 않는다고 하여 이 소설이 모티브 자체가 잘못된 것이라고 비평하여 논란에 휩싸였던 때가 있었습니다.

'왼손잡이는 유전되지 않는다' 라고 하면 이 소설은 전혀 사실이 아닌 것을 기초로 하고 있기 때문에 왼손잡이의 유전 여부가 문제가 되는 것입니다.

일상생활에서 90% 가량의 사람들이 습관적으로 오른손을 씁니다. 그러나 소수의 사람들은 왼손을 쓰는데 이들을 가리켜 '왼손잡이'라고 합니다. 그리고 양손을 비슷하게 잘 쓰는 양손잡이 사람도 있습니다.

대체로 왼손잡이는 생후 1년 반이 지나야 그 성향을 나타내지만, 나중에 바뀌는 경우도 많습니다. 그리고 왼손잡이로 확실하게 결정되는 시기는 그보다 훨씬 뒤인 초등학교에 들어갈 무렵입니다.

왼손잡이가 유전에 의한 선천적인 것이냐, 후천적인 버릇이냐 하는 문제에 대해서는 아직도 명쾌한 해답을 얻지는 못하고 있지만, 유전자가 관계하고 있는 것으로 밝혀지고 있습니다.

생물학자들의 연구에 의하면, 부모 모두 오른손잡이일 경우 자녀의 92%는 오른손잡이가 됩니다. 부모가 모두 왼손잡

왼손잡이
모든 문화가 오른손잡이 위주로 되어 있어, 왼손잡이는 때로 어색해 보이기도 한다.

이일 때 그들의 자녀 중 약 반수가 왼손잡이였고, 부모 중 한 쪽이 왼손잡이일 때 그들의 자녀 중 16~18%가 왼손잡이였습니다.

여기에서 볼 수 있는 바와 같이 왼손잡이는 확실히 유전과 관계있다는 것을 알 수 있습니다. 부모가 모두 왼손잡이일 경우 50% 정도가 왼손잡이가 된다는 사실은 부모의 유전자가 관계하고 있다는 것을 의미합니다.

오른손잡이 유전자가 우성, 왼손잡이 유전자가 열성일까

손잡이 유전이 멘델의 법칙에 따라 유전된다고 가정해 봅시다. 오른손잡이 유전자를 R, 왼손잡이 유전자를 r이라고 할 때, 오른손잡이 유전자 R이 왼손잡이 유전자 r에 대해 우성이라면, RR, Rr은 오른손잡이, rr은 왼손잡이가 될 것입니다. 이 규칙이 정확하게 적용되는 유전이라면, 오른손잡이 부모 밑에서는 오른손잡이와 왼손잡이의 자손들이 태어나지만 왼손잡이 부모 밑에서는 오른손잡이 자손이 태어날 수 없습니다.

멘델 Mendel

1822. 7. 22~1884. 1. 6
완두로 유전 실험을 해 멘델 법칙을 발견했다. 1868년 성 토마스 수도원 원장으로 선출되었다. 1874년 교회 과세법으로 정부와 대립하여 그의 모든 재산이 차압되는 가운데, 불우한 말년을 보냈다. 나중에 그의 업적이 재발견되어 유전학의 창시자로 인정받았다.

```
RR  -  RR        Rr  -  Rr         rr  -  rr
(오) | (오)       (오) | (오)       (왼) | (왼)
     RR              RR Rr Rr rr           rr
    (오)           (오)(오)(오)(왼)        (왼)
```

(오) : 오른손잡이   (왼) : 왼손잡이

이와 같은 손잡이 유전 방식은 현재 대부분의 교과서에도 소개되어 있습니다. 그러나 왼손잡이 부모 밑에서 오른손잡이 자손이 태어나는 등 실제 통계적으로 나타나는 것과 달라, 손잡이 결정이 유전적인 것이냐, 후천적인 학습에 의한 버릇이냐 하는 논쟁이 일어난 것입니다. 손잡이를 결정하는 유전자를 찾기 위한 노력은 하고 있지만 아직 명쾌하게 설명해주는 연구 결과는 없습니다.

손잡이 결정은 유전자뿐만 아니라 환경도 관계한다

어떤 사람이 514쌍의 일란성 쌍둥이에 대하여 조사한 결과, 18%의 쌍둥이가 한 사람은 왼손잡이고 다른 사람은 오른손잡이였습니다.

일반적으로 일란성 쌍둥이의 유전자는 완전히 같습니다. 왜냐하면 하나의 수정란이 둘로 갈라져 두 사람이 된 것이니까요. 일란성 쌍둥이 중 18%가 같지 않았다는 것은 유전 요인 외에도 환경 또는 기타 요인이 작용한다는 것을 설명합니다.

과학자들의 발견에 따르면, 왼손잡이 현상은 인간에게만 나타나는 현상으로서 다른 동물에게는 나타나지 않는다고 합니다.

> **일란성 쌍둥이**
> 하나의 난자에 하나의 정자가 수정하여 발생하는 과정에서 수정란이 둘로 나뉘어져 태어나는 쌍둥이다. 따라서 유전자가 똑같으며, 모습이 같다.

손잡이 결정 유전자를 찾고 있다

미국 암 연구소 유전학자 아마르 클라 박사의 연구 결과는 손잡이 유전자에 대해 설명해 주는 것으로 알려져 있습니

멘델의 유전법칙

멘델은 완두를 교배 실험하여 다음과 같이 우열의 법칙, 분리의 법칙, 독립의 법칙을 발표하였다.

(1) 우열의 법칙

순종의 대립형질을 교배하였을 때, 잡종 제1대에서 우성의 형질만 나타나고 열성 형질은 나타나지 않는 현상이다.

Y가 y에 대해 우성이므로 Yy는 황색으로 나타난다. 오른손잡이 유전자가 R, 왼손잡이 유전자가 r이라 할 때, R이 r에 대해 우성이므로 Rr은 오른손잡이가 된다.

(2) 분리의 법칙

잡종 제1대(F1)를 자가 수분시켰을 때, 잡종 제2대(F2)에서 우성과 열성 표현형이 일정한 비율(3:1)로 분리되어 나타나는 현상이다. Rr인 아버지에게는 R을 가진 정자와 r을 가진 정자가 있다. 어머니의 난자도 마찬가지로 손잡이에 관한 유전자를 가지게 된다. R과 r을 가진 정자 중 어느 정자가 어느 난자와 수정되느냐

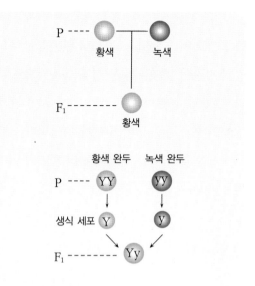

에 따라 오른손잡이냐 왼손잡이냐가 결정되는 것이다.

(3) 독립의 법칙

서로 다른 형질은 서로 독립적으로 유전되는 법칙이다. 예를 들면, 손잡이 유전과 손의 모양과는 전혀 관련이 없이 유전된다는 것이다. 오른손잡이이기 때문에 손의 모양이 영향을 받는다든가 하는 일은 없다는 법칙이다.

다. 클라 박사는 길을 지나는 사람들의 머리를 보다가 우연히 오른손잡이 중 90% 이상에서 정수리 가마의 소용돌이가 시계 방향으로 돌고, 왼손잡이나 양손잡이는 가마의 방향이 반반인 것을 발견하였습니다.

클라 박사는 이 현상으로부터 오른손잡이를 결정하는 유전자가 있다는 확신을 갖고 현재 해당 유전자를 찾고 있습니다. 클라 박사에 따르면 손의 우선권을 결정하는 유전자는 동시에 가마의 방향도 정하는데, 우성(R)일 때 오른손잡이가 되

게 하고 열성일 때는 우선권을 지정하지 않는다고 합니다. 따라서 모두 우성(RR)이거나 우성, 열성 유전자를 각각 하나씩 갖고 있을 때(Rr)는 오른손잡이가 되고 시계 방향 가마를 갖게 됩니다. 둘 다 열성인 유전자(rr)일 경우 왼손잡이와 오른손잡이의 확률은 반반이 되지요. 박사에 따르면 왼손잡이를 지정하는 유전자는 없다는 것입니다. 즉, 부모로부터 받는 열성 유전자(rr)는 손잡이의 우선권을 지정하지 않고, 손잡이의 결정은 후천적으로 학습 등에 의해서 결정되는 것이지요.

이 발견을 적용하면 왼손잡이 부모 사이에서도 오른손잡이 아이가 흔히 태어난다는 사실과 손의 우선권이 서로 다른 일란성 쌍생아가 존재하는 현상도 설명됩니다.

가마

동이는 허생원의 아들일까?

이 연구 결과가 옳다면, 허생원과 동이는 모두 유전자형이 rr로서 우연히 왼손잡이를 선택하게 되었고, 어머니는 r을 가진 Rr(오른손잡이) 또는 rr(왼손잡이)이어야 합니다. 소설에서는 어머니가 어떤 손잡이인지 알 수 없습니다. 다만 동이가 왼손잡이라는 사실은 동이가 허생원의 아들이 되기 위한 필요 조건은 갖추었다고 할 수 있습니다.

따라서 소설에서 암시하는 '허생원의 왼손잡이 유전자가 아들에게 전해지므로 동이는 허생원의 아들일 것이다.'라는 것은 유전학적으로 볼 때 근거가 없는 이야기는 아니지요. 오히려 너무 과학적인 내용보다 그럴 가능성이 있음을 암시하는 데 이 소설의 묘미가 있는 게 아닐까 싶습니다.

왼손잡이가 늘어나고 있다

왼손잡이 비율은 문화권에 따라 차이가 큽니다. 같은 기독교 문화권이면서도 상대적으로 더 자유로운 영국, 캐나다, 미국 등 앵글로색슨 계열은 왼손잡이가 약 12%에서 최고 15%로 추정되는 반면, 같은 기독교 문화권이면서도 독일, 이탈리아 등은 왼손잡이 비율이 낮다고 합니다. 왼손 금기가 심한 아랍 문화권에서는 왼손잡이 비율이 1% 미만으로 알려져 있지요.

한국 · 중국 · 일본 등 유교 문화권도 왼손 금기가 강하기는 마찬가지입니다. 왼손 금기란, 왼손으로 하는 행위가 신에게 또는 어른에게 불경하다는 것을 의미합니다. 인도에서는 오른손은 음식을 먹고, 왼손은 뒤를 닦는 손으로 알려져 있으므로, 그들은 왼손으로 무엇을 가리키든가 손을 잡는 행

위 등을 모욕으로까지 받아들입니다.

우리나라에서도 어른에게 무엇을 드릴 때는 반드시 오른손으로 드려야 한다고 《소학》에서 가르치고 있습니다. 그런데 현대에는 점점 왼손잡이의 비율이 증가하고 있는 추세입니다.

1970년대 출생자 중 3.7%이던 왼손잡이가 1980년대에 이르러서는 4.22%로 증가하고, 1990년대가 되어서는 6.97%로 늘어났습니다. 이런 증가치는 성장하면서 점차 오른손을 사용하도록 가르치는 부모에 의해 오른손잡이화하는 경향이 있는 점을 감안하더라도 왼손잡이 성향의 한국인들이 부쩍 많아지고 있다는 것을 알려줍니다. 요즘은 군대에서도 왼손잡이 소총을 개발하고 있다고 합니다.

왼손잡이가 늘어나는 이유로 새로운 교육관의 형성을 가장 큰 이유로 꼽습니다. 1990년대 들어 자녀 교육에서 특히 개성과 창의력이 강조되고, 그 잠재력 계발에 대한 관심이 증폭되면서 왼손잡이가 새롭게 조명되고 있는 것입니다. 왼손잡이가 대체로 인간의 창조성에 큰 영향을 주는 우뇌의 관장을 받고 있다는 점이 널리 알려지면서 부모들이 왼손잡이에 대한 억압을 완화하고 있는 것 같습니다.

왼손잡이는 대뇌의 우반구를 발달시킨다?

사람의 대뇌는 좌우 반구의 기능이 서로 다릅니다. 과학자들의 발견에 의하면, 오른손 사용 습관자는 보통 대뇌 좌반구의 기능이 발달하고 대뇌 우반구의 기능이 상대적으로

소학 小學

주자(朱子:朱熹)가 제자 유자징에게 소년들을 가르칠 목적으로 집필하게 하여 1185년에 착수하여 2년 뒤 완성한 책이다. 유교의 윤리 사상과 현명한 옛 사람들의 언행을 기록하였으므로 옛 사람들은 학문에 입문할 때 이를 반드시 외우고 읽어야 했다.

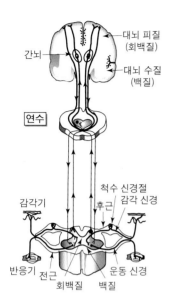

대뇌와 신경의 교차

대뇌에서 나온 신경은 연수에서 교차
되어 온몸을 지배한다. 대뇌 좌반구는
몸의 오른쪽을, 우반구는 왼쪽을 지배
한다.

덜 개발되는 데 반해, 왼손잡이는 일상생활 중 왼손을 자주
쓰기에 대뇌 우반구 기능이 충분히 개발된다고 합니다.

손과 뇌의 연관성에 대한 연구를 보면, 오른손을 쓰는 사
람은 왼쪽 뇌가 발달하고, 왼손을 쓰는 사람은 주로 오른쪽
뇌가 발달한다고 합니다. 그리고 사람의 왼쪽 뇌는 언어 능
력, 문장 구성 능력, 쓰기 능력 등을 통제하고, 오른쪽 뇌는
지각을 중심으로 한 공간적 지각 능력을 통제합니다.

따라서 왼손잡이가 대뇌 개발 면에서 더 유리할 수도 있
습니다. 이런 연유로 요즘 유아 교육에서는 오른쪽 뇌 교육
의 중요성을 깨닫고 모든 교육 프로그램을 한쪽 뇌에 편중되
지 않게 배려하고 있습니다. 요즈음 미국에서는 왼손잡이를
일부러 고칠 필요가 없다는 설이 지배적입니다.

왼손잡이를 억지로 교정할 필요는 없다

우리나라에서는 주로 지적인 면을 강조하는 왼쪽 뇌 중
심의 오른손잡이를 선호하고 있는 것 같습니다. 또 대부분의
상품이 오른손잡이 위주로 되어 있으므로, 생활하는 데 불편
하지 않기 위해서라도 왼손잡이를 오른손잡이로 권하고 있
기도 하지요.

어릴 때에는 오른손, 왼손의 구분이 없이 사용하다가 7~
8세에 가서야 손잡이가 확실하게 정해지고, 그 이후로는 고
정되어 거의 변화가 없습니다. 왼손 사용을 무리한 방법으로
고치면 더 큰 역효과가 나타날 수도 있습니다. 무리한 방법
을 동원해서 왼손 사용은 고칠 수 있을지 모르나, 그 과정에

서 나타나는 거부 반응과 열등감으로 인해 아이에게 말더듬이 증세, 단식, 이유 없는 반항, 우울증과 같은 부작용이 나타날 수 있습니다. 어릴 때 양손을 모두 사용하도록 하는 프로그램도 있는데, 이는 오히려 역효과를 내는 경우도 있습니다.

손잡이에 관한 유전과 대뇌와의 관계 연구는 필요하다

왼손잡이들은 대부분의 오른손잡이 위주로 만들어진 생활 도구에 매우 불편을 느끼는 경우도 있습니다. 손사용 문제는 현대 신경심리학 분야에서 인간의 인지 지각 정서 발달과 대뇌 기능과의 관계를 밝히는 중요한 열쇠로 대두되고 있습니다. 이 손잡이에 관한 유전자를 찾고 손의 사용과 대뇌와의 관계를 밝히는 연구는 앞으로 여러분의 몫입니다.

 내용정리

1. 손잡이의 유전
오른손잡이가 왼손잡이에 대해 우성으로 유전된다.

2. 형질의 발현
유전자뿐만 아니라 환경 요인도 영향을 미친다.

3. 신경의 교차
대뇌의 좌반구는 몸의 오른쪽을 지배하고, 우반구는 왼쪽을 지배한다.

4. 대뇌의 기능
우반구는 공간적 지각 능력을, 좌반구는 언어 · 문장 구성 · 쓰기 능력 등을 통제한다.

왼손잡이 테스트

다음의 12가지 질문에 대해 왼손이면 1점, 오른손이면 0점을 줘 점수를 합산한다(0~1점 : 강 오른손잡이, 2~4점 : 약 오른손잡이, 5~7점 : 중간, 8~10점 : 약 왼손잡이, 11~12점 : 강 왼손잡이).

□ 1. 그림을 그린다. 연필은 오른손에 있는가, 왼손에 있는가?

□ 2. 성냥갑을 잡고 성냥을 켠다. 성냥개비는 어느 손에 있는가?

□ 3. 책을 들고 50페이지를 편다. 어느 손이 책을 잡고 있는가?

□ 4. 공을 잡고 던진다. 어느 손에 공이 있는가?

□ 5. 칫솔로 이를 닦는다. 어느 손에 칫솔이 있는가?

□ 6. 종이에 펜으로 사인을 한다. 어느 손에 펜이 있는가?

□ 7. 두 손으로 대걸레를 들고 청소를 한다. 자루의 끝 쪽에 있는 손은 어느 손인가?

□ 8. 못을 잡고 망치질을 한다. 어느 손에 망치가 있는가?

□ 9. 과일을 칼로 자른다. 어느 손에 칼이 있는가?

□ 10. 다트를 던진다. 다트는 어느 손에 있는가?

□ 11. 서랍을 연다. 어느 손이 서랍의 손잡이를 잡고 있는가?

□ 12. 바늘에 실을 꿴다. 어느 손이 실을 잡고 있는가?

02

어니스트 헤밍웨이의 《노인과 바다》

바다의 구조

해저 지형

그는 육지의 냄새를 뒤로 하고 싱그러운 새벽 바다의 공기 속으로 배를 저어 나갔다. 어부들이 '큰샘'이라고 부르는 지역을 지나면서 노인은 물에서 모자반 속의 해초가 발하는 인광을 보았다. 그곳은 각종 물고기들이 모여드는 곳으로 수심이 약 700피트로 바뀌는 지역이었다. 여기에 각종 물고기들이 모여드는 것은 조류가 해저의 가파른 경사면에 부딪히면서 생기는 소용돌이 때문이었다. 새우와 각종 미끼류 고기, 이따금 가장 깊은 구멍에 몰려드는 오징어 떼들은 밤이 되면 해면으로 떠올라 주위에 배회하는 온갖 큰 고기들의 밥이 되었다.

《노인과 바다》 중

헤밍웨이의 노벨 문학상 수상작인 《노인과 바다》는 어부 산티아고의 낚시 이야기를 다루고 있습니다.

외롭고 늙은 어부 산티아고는 85일 동안 고기를 한 마리도 잡지 못하다가, 먼 바다로 나가 마침내 이틀 낮과 밤의 사투 끝에 낚시로 거대한 물고기를 잡는 데 성공합니다. 그러나 한 시간도 지나지 않아 상어의 공격을 받게 되어 온갖 어

어니스트 헤밍웨이
Ernest Miller Hemingway

1899. 7. 21~1961. 7. 2
미국 시카고 교외의 오크파크에서 출생한 미국의 대표적 소설가. 작품으로는 《무기여 잘 있거라》, 《누구를 위하여 종은 울리나》 등이 있다. 《노인과 바다》로 퓰리쳐상(1953)과 노벨문학상(1954)을 수상하였다.

려운 고통을 겪게 되며, 그가 다시 항구로 돌아왔을 때는 그 고기의 뼈를 제외하고는 아무것도 남은 것이 없습니다.

《노인과 바다》는 소설은 단순한 이야기 속에서 대자연의 거대한 힘에 대항하여 끝까지 싸우는 인간의 용기와 의지를 강조하고 있는 소설이지요. 늙은 어부 산티아고가 "인간은 파괴당할 수는 있어도 패배하지는 않아."라고 한 말에서 인간의 정복당할 수 없는 끈질긴 의지를 느낄 수 있습니다. 이 소설에는 바다에 대한 헤밍웨이의 해박한 지식, 즉 바다의 구조와 바다 생물의 습성 등이 다양하게 소개되어 있습니다. 여기에서는 바다의 구조에 대해 알아보도록 해요.

바다 밑은 어떤 모습일까?

남해의 바닷가에서 해삼을 잡겠다고 물안경을 끼고 호기롭게 절벽에서 뛰어내려 물 밑을 보고 깜짝 놀란 일이 있습니다. 물이 깊어봐야 3m 정도이겠거니 예상했는데, 족히

10m 이상 되어 보였고, 또 해초들이 이루는 숲의 구릉에서 정체 모를 괴물이 나올 것 같아 무서워 잠수하는 것을 포기했던 일이 있습니다. 바다 밑에도 육지와 같은 구릉과 수많은 동식물이 얽혀 살고 있었던 것을 직접 경험한 것이지요.

바다 밑 해초들이 번성한 아름다운 생태계의 모습이다.

얕은 바다 밑에는 온갖 해초들이 자라지만 깊은 바다에는 햇빛이 들어갈 수 없어서 식물이 살 수 없답니다. 바닷물의 성질에 따라 조금씩 다르긴 하지만 아주 맑은 바다에서 식물이 살 수 있는 최대 깊이는 약 150m 정도로 알려져 있습니다. 햇빛이 최대로 들어가는 깊이이지요. 그 이후에는 식물이 살지 못하는 캄캄한 적막 지대만 있을 뿐입니다.

바다 밑 지형은 어떤 모습일까?

지구 표면적의 70%를 차지하는 바다의 밑바닥, 즉 해저에는 육지와 같이 골짜기가 있고, 높은 산맥과 같은 해령이 있습니다. 깊은 골짜기에서는 수심이 깊어질 것이고, 해령 부분은 약간 수심이 낮을 것입니다. 그리고 바다에 잠기지 않는 부분은 섬이 될 것이고요.

2차 세계 대전 이전까지는 해저 지형에 대하여 거의 알 수가 없었지요. 2차 세계 대전을 겪으면서 잠수정뿐 아니라 정밀한 음향 측심법 등 각종 관측기구들의 발달로, 바다 밑의 구조를 알게 되었습니다. 그 결과 바다 밑의 지형을 크게 대륙붕·대륙사면·해구·대양저·해령 등으로 구분할 수 있었지요.

대륙붕은 깊이 200m까지의 파도의 영향을 받는 곳으로,

음향 측심법

배가 지나가면서 일정하게 초음파를 발사하면 초음파는 해저에 닿아 반사하여 되돌아오게 된다.

수심 = 초음파의 속도×왕복 시간 $\times \dfrac{1}{2}$

(바다에서의 초음파 평균속도=1,445m/s)

해저지형

심해 잠수정

심해 잠수정을 이용하면, 바다 속 또는 해저의 환경 및 자원을 직접 관찰, 계측, 촬영하거나 시료를 채취할 수 있다 (출처 : 해양수산부).

이 지역에 다양한 생물이 살고 있어 어장으로 중요할 뿐만 아니라, 땅 속에 석유나 천연 가스 등이 매장되어 있어 자원의 보고로 중요합니다(우리나라 동해의 대륙붕에서도 천연 가스가 생산되고 있습니다.). 따라서 각 나라에서는 이 대륙붕을 보호하기 위해 치열한 외교전을 펼치고 있기도 하지요.

특히 우리나라의 황해는 깊이가 평균 44m 정도로 전체가 대륙붕이므로 개발 여지가 많답니다. 그래서 중국과 우리나라가 대륙붕의 경계선을 놓고 치열한 신경전을 벌이고 있지요. 왜냐하면 자기 나라의 영토에 연결된 대륙붕은 그 나라의 소유이니까요. 우리나라와 중국은 대륙붕으로 연결되니 황해의 대륙붕이 서로 자기네 소유라고 주장하는 상황입니다.

대륙붕의 끝에서 경사가 급해지는 부분을 대륙사면이라고 하는데, 평균 기울기가 4˚ 정도 되며 깊이는 200m에서 2,000m 정도 됩니다. 기울기는 매우 완만한 듯하지만 물속에서는 이 정도의 기울기에도, 약한 지진 등의 충격에 퇴적물이 밑으로 빠르게 미끄러져 내려간답니다. 따라서 약한 지진 등에 퇴적물이 빠르게 쓸려 내려감에 따라 해류가 생기기

☀ **사람의 최고 잠수 기록**

유인잠수정의 최고 기록은 1960년 1월 22일 태평양 마리아나 해구에서 '트리에스트 2호'에 탑승한 자크피카르와 돈 월시가 세운 10,916m이다. 이 사람이 가장 깊이 들어간 것으로 기록되어 있다. 트리에스트 잠수정의 최고 잠수 시간은 4시간 48분으로 그 당시 표면에 상승하는 데에만도 3시간 17분이 소요되었다고 한다.

도 하는데, 이런 해류가 반복되면 깊은 해저협곡이 생기기도
합니다.

노인과 바다에서 등장하는 '큰샘'이라고
하는 곳이 바로 대륙붕에서 대륙사면으로
바뀌는 부분이고, 우연하게도 해저 협곡이
이 부분에 발달한 것으로 추정됩니다.

대륙사면이 끝나는 부위에 깊이 6,000~
10,000m의 깊은 해구가 발달하고, 그 다음부터는 대양저 또
는 심해저 평원으로 불리는 평탄하고 넓은 해저가 나타납니
다. 지금까지 관측된 가장 깊은 해구는 11,515m의 수심을
가지는 서태평양의 필리핀 해구에 있는 챌린저 해구입니다.

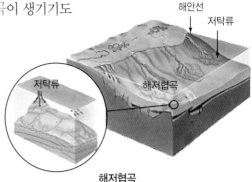

해저협곡
퇴적물이 쓸고 지나간 자리에 생긴 바
다 밑 좁은 계곡

심해저 평원에는 높은 산맥과 같은 해령이 있다

심해저 평원은 깊이 3,000~4,000m 정도로 전체 바다의
약 75%를 차지합니다. 태평양의 3/4, 인도양과 대서양의 약
1/3이 이 심해저 평원이지요. 심해저에는 화산에 의해 생성
된 1,000m 이상의 해산이 있기도 하고, 높이가 2,000~
4,000m 정도의 큰 산맥과 같은 해저 산맥, 즉 해령이 있습니
다. 해령은 전 대양에 걸쳐 발달해 있는데, 전체 길이는 약
80,000km나 된다고 합니다.

해저는 계속 확장되고 있다

해령(해저산맥)의 중심부에서는 열곡이라는 V자형의 골

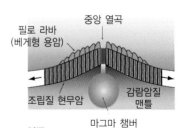

열곡
해저 산맥 정상부 가운데에 V자 모양
으로 형성된 지형

해령
바다 밑 전체를 휘감고 있을 정도로 길게 발달되어 있다.

대서양 중앙 해령
특히 대서양에 발달한 해령을 중앙 해령이라고 부른다.

짜기가 발달하는데, 이 열곡에서 용암이 분출하여 물에 의해 식으면서 해양 지각으로 변하고, 이 새로운 해양 지각은 열곡을 중심선으로 하여 양쪽으로 발달해 갑니다. 새로운 지각이 생겨나므로 오래된 지각은 계속 밀려서 이동하므로 해저가 넓어지는 것입니다. 그럼, 해저가 계속 넓어지면 바다가 점점 넓어지는 것일까요?

해저의 확장은 대륙을 이동시킨다

해저의 확장은 지각의 이동을 일으키는 원동력이 됩니다. 실제로 대서양에 접한 대륙들은 매년 1~2cm의 속도로 대서양의 중앙 해령으로부터 멀어지고 있답니다. 대륙을 이루는 지각의 두께는 약 35km, 해양을 이루는 지각의 두께는 약 5~10km 정도인데, 이들은 유라시아판 · 아프리카판 · 인

도−오스트레일리아판·태평양판·아메리카판·남극판의 6
개 큰 판과 필리핀판·카리브판·코코스판·나스카판 등 몇
개의 작은 판으로 나뉘어져 맨틀 위에 떠 있습니다.

이 판들은 지구 내부에서 작용하는 힘에 의하여 연간 수
cm 정도의 속도로 서로 움직이고, 이에 따라 화산작용·지
진현상·마그마, 습곡산맥의 형성 등 각종 지각 변동을 일으
키지요. 이러한 학설을 판구조론이라고 합니다.

판의 경계에서는 화산 활동과 지진이 잦다

각 판의 경계에서 일어나는 지각 변동은 다음 그림과 같
습니다. 과학자들은 현재 일어나고 있는 대규모의 지각 변동
은 모두 이들 판의 경계에서 발생하고 있다고 추정하고 있습
니다.

해령은 두 개의 판이 분리되는 경계로서, 맨틀에서 생성
된 현무암질 마그마가 상승 분출하여 새로운 해양 지각을 생

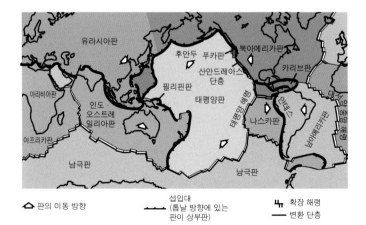

판의 이동 방향   섭입대
(톱날 방향에 있는
판이 상부판)   확장 해령
변환 단층

지각을 형성하는 판들은 항상 움직인다.
어떤 지역에서는 서로 분리되고 어떤 지
역에서는 서로 충돌한다.

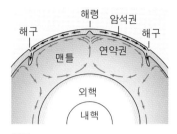

맨틀

지구는 지각, 맨틀, 핵으로 이루어져 있다. 지각 밑의 모호로비치치 면과 핵 사이에는 두께가 2,900km 정도인 맨틀이 있다. 맨틀은 상부 맨틀과 하부 맨틀로 구분되며, 상부 맨틀은 모호면에서 약 400~700km까지의 껍질 부분이고, 위의 암석권과 아래의 연약권으로 나뉜다.

☀ **맨틀 대류설**

1928년 홈즈(A. Holmes)는 맨틀 내의 방사성 원소의 붕괴열과 고온의 지구 중심부에서 맨틀로 올라오는 열에 의하여 맨틀 상하부에 온도 차가 생기고, 그 결과 매우 느리게 열대류가 일어난다는 맨틀 대류설을 주장하였다. 맨틀 대류의 상층부는 중앙 해령, 침강부는 해구에 해당한다.

성시키는 부분입니다. 해구는 하나의 지판이 다른 지판 아래로 침강하여 맨틀 속으로 들어가는 경계로서, 베니오프대(Benioff zone) 또는 섭입대라고도 하며, 이곳은 지각이 소멸되는 부분입니다.

따라서 해령에서 계속 지각이 넓어지지만 섭입대에서 지각이 소멸되므로 바다가 급격히 늘어나는 일은 없습니다. 변환 단층은 인접한 두 개의 판이 상대적으로 이동하는 경계로서, 이곳에서는 지각의 생성과 소멸이 일어나지 않습니다.

각 판을 움직이는 힘은 맨틀 내에서 일어나는 대류입니다. 이를 맨틀 대류설이라고 하지요. 지구의 표면은 두터운 암석권으로 단단한 지각을 구성하고, 지각은 맨틀의 윗부분인 유동성이 있는 연약권 위에 떠 있는 것이지요. 판은 마치 연약권 위에 떠 있는 것과 같아서 연약권의 흐름에 따라 여

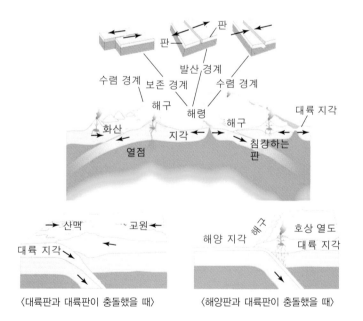

지형의 형성 과정을 판구조론으로 설명한 것이다.

〈대륙판과 대륙판이 충돌했을 때〉   〈해양판과 대륙판이 충돌했을 때〉

러 개의 조각으로 나뉘어져 이동하며, 그 결과 판의 경계부에서 여러 가지 지각 변동이 일어나는 것이지요.

다음 그림처럼 미국의 샌프란시스코와 로스앤젤레스도 태평양판과 북아메리카판의 경계부로서, 여기에는 산안드레아스 단층대가 발달하고 있는데, 이 단층대를 경계로 두 판은 서로 이동하고 있습니다. 그래서 아주 오랜 세월이 지나면 샌프란시스코와 로스앤젤레스는 서로 반대 방향으로 이동하여 서로 마주 보다가 나중에는 로스앤젤레스가 더 위쪽으로 위치한다고 합니다.

특히 일본은 필리핀판과 유라시아판의 경계부에 위치하므로 지진이 많이 일어난답니다.

바다 밑에 숨겨진 해저는 끊임없이 새로워지고 움직이며 육지의 모습을 바꾸어나가고 있습니다. 깊고 깊은 바다 밑을 자유롭게 여행해 보고 싶은 생각은 없나요? 산티아고 노인은 바다 밑에 들어가 보지도 않고 바다 밑의 물고기가 노는 상황을 다 알고 있었습니다. 일생 동안 낚시를 했으니 전문

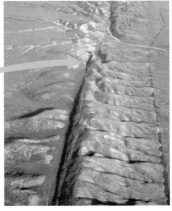

산안드레아스 단층과 판 경계 모습

가일 수밖에요. 그러나 바다 속에서 용암이 끓고 해저가 변하고 있다는 것은 몰랐을 것입니다.

1. 해저 지형의 탐사

초음파를 이용한 음향 측심법이나 인공위성 등으로 해저 지형을 조사한다.

2. 대륙 주변부의 해저

- 대륙붕 : 평균 경사 7° 정도, 수심 200m 이하의 경사가 완만한 지형이다.
- 대륙 사면 : 대륙붕에서 수심 약 2km까지 경사가 급한 부분이다.

3. 심해저

- 해저 평원 : 깊이 3~5km의 평탄한 해저이며, 해산, 기요(평정해산)가 분포한다.
- 해령 : 심해저 평원에 높이 2~4km, 총 연장 67,000km로 펼쳐져 있는 바다 속 지형으로, 전 대양에 걸쳐 발달한 맨틀의 상승부에 나타나고 중앙에 V자 모양의 열곡이 있다.
- 해구 : 평균 수심이 6~11km이며 해양 지각이 대륙 지각 밑으로 들어가는 곳으로, 태평양에서 잘 발달되어 있다.

4. 해저 확장설

해령에서 새로운 해양 지각이 계속 생성되어 해저가 확장해 간다는 학설이다. 이 설에 의하면, 해령에서 생성된 해양 지각은 해령의 양쪽으로 이동하다가, 해구에서 침강하여 다시 지구 내부로 들어간다고 한다.

5. 판구조론

지각을 여러 개의 판으로 구성되어 지구 표면을 덮고 있는 것으로 보는 학설이다. 6개의 큰 판(유라시아판·아프리카판·인도−오스트레일리아판·태평양판·아메리카판·남극판)과 작은 판(필리핀판·카리브판·코코스판·나스카판 등)이 지구 내부에서 작용하는 힘에 의하여 연간 수 센티미터 정도의 속도로 서로 움직이고, 이에 따라 화산작용·지진현상·마그마, 습곡산맥 형성 등 각종 지각 변동을 일으킨다는 학설이다.

쥘 베른의 《80일간의 세계일주》

'80일간의 세계일주'에서 사라진 하루의 비밀은?

하루의 길이와 날짜 변경선

"8시 44분!"

설리반이 말했다. 감동을 누를 길 없는 듯한 목소리였다.

드디어 1분만 있으면 내기에 이기는 것이다. 40초가 지났다. 아무 일도 일어나지 않았다. 50초가 지났다. 역시 아무 일도 일어나지 않았다.

55초. 클럽 밖에서 우레와 같은 박수가 일어났다. 만세! 만세! 다섯 친구는 일제히 일어섰다.

57초. 큰 홀의 도어가 활짝 열렸다. 그리고 60초. 필리어스 포그 씨는 정각에 나타났다. 뒤에는 열광한 군중이 뒤따랐다. 그는 냉정한 목소리로 말했다.

"여러분, 이제 돌아왔습니다."

《80일간의 세계 일주》 중

쥘 베른이 1873년에 발표한 《80일간의 세계 일주》는 모험 소설입니다. 런던의 사회 지도층 인사들의 사교 클럽인 '혁신 클럽'에서 주인공인 필리어스 포그가 세계를 80일 만에 일주할 수 있다고 하는 데서부터 이야기는 시작됩니다. 도저히 80일 만에 세계를 일주할 수 없다고 하는 5명

쥘 베른 Jules Verne

1828. 2.~1905. 3. 24
프랑스가 자랑하는 과학소설의 아버지이자, 근대 공상과학소설의 선구자이다. 19세기의 과학 발전에 깊은 영향을 받아 다양한 미래 과학 소설을 발표하였다. 대표작으로 《기구를 타고 5주간》, 《해저 2만 리》, 《15소년 표류기》, 《달나라로의 여행》 등 약 70편의 장편 소설이 있다.

을 상대로 전 재산인 2만 파운드를 건 내기를 시작하지요.

포그는 새로 채용한 재치 있는 하인 장 파스파르투를 데리고, 10월 2일 수요일 오후 8시 45분에 떠나 12월 21일 토요일 오후 8시 45분까지 런던으로 돌아와야 합니다. 오후 8시 45분 기차로 떠난 세계 일주에는 어떤 모험이 기다리고 있을까요. 포그는 하인 파스파르투와 함께 런던 – 수에즈 – 뭄바이 – 캘커타 – 상하이 – 요코하마 – 샌프란시스코 – 뉴욕 – 퀸스타운 – 리버풀 – 런던까지, 배 · 기차 · 코끼리 · 썰매 등을 이용하면서 갖은 모험과 위험을 겪습니다.

천신만고 끝에 80일째 되는 날 오후 8시 50분에 런던 역에 도착하지만 5분을 넘겨 도착한 것입니다. 5분 늦게 도착하는 바람에 내기에 졌다고 생각하고, 집에서 파산에 따른 정리를 하지요. 다음날 인도에서 구출한 미모의 아우다 부인과의 결혼식을 예약하기 위해 하인을 오후 8시 5분에 교회로 보냅니다.

그러나 내기는 끝나지 않았습니다. 주인공은 내기에 졌다고 실의에 빠져 있었지만 결국에는 승리합니다. 포그 씨에게 그 뒤 어떤 일이 일어났기에 역전됐을까요?

80일 만에 돌아온 포그 씨에게 사라진 하루는?

필리어스 포그는 매사에 정확한 기록을 유지하면서 여행을 하는 사람입니다. 그는 동쪽으로 향하여 여행

여기서 잠깐!

자오선

우리가 서 있는 곳에서 지평선의 북쪽 방향에서 머리 위를 지나 지평선의 남쪽 방향을 연결하면 반원이 만들어지는데, 이를 자오선이라 한다. 하루 동안 대부분

의 천체들은 지구의 자전 때문에 동쪽 지평선에서 떠올라 서쪽 지평선으로 지므로 항상 이 자오선을 통과한다.

이 자오선을 통과하는 현상을 남중(南中)이라고 하며, 어느 한 별이 남중해서 다시 그 별이 남중하는 데 걸리는 시간은 지구의 자전 주기로 23시간 56분 4초이다. 이 자전 주기는 거의 변함이 없다.

을 계속하였으므로 그가 돌아왔을 때, 그는 태양이 자오선을 지나는 것을 80번 보았습니다. 그는 하루가 바뀔 때마다 정확한 기록을 하였지요. 따라서 그는 내기에 졌다고 여겼습니다. 그러나 그가 내기에서 이긴 까닭은 무엇일까요?

그는 태양을 향해서, 즉 지구의 자전 방향인 동쪽으로 계속 여행을 하였는데, 경도 1°씩 진행할 때마다 4분씩 하루가 짧아지는 셈이지요. 동쪽으로 여행하여 지구를 한 바퀴 정확히 360°를 돌아온다면 하루, 즉 24시간의 이득을 보게 됩니다. 따라서 포그 씨가 태양이 자오선을 80번 지나는 것을 보는 동안 런던의 친구들은 79번밖에 보지 못했을 것입니다.

따라서 하루의 차이가 났던 것이지요. 이게 무슨 소리인지 어리둥절해 하는 친구들이 있을 거예요. 그럼 지금부터 지구에서 우리가 흔히 쓰는 시간에 대해 알아볼까요?

서쪽으로 비행기를 타고 가면 시간을 번다

우리가 비행기를 타고 서쪽, 즉 중국이나 인도 쪽 방향으로 여행을 하면, 경도 15°를 이동할 때마다 한 시간씩 시간

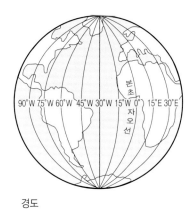

경도

이 늦춰집니다.

적도를 따라서 잰 지구의 둘레는 약 4만 76.6km, 적도상의 1°의 길이는 경도 방향으로 111.3km이므로, 비행기가 적도를 따라 날아간다면 서쪽으로 1,669.5km 날아갈 때마다 1시간의 시차가 생기는 것입니다.

반대로 동쪽으로 이동하면 시간은 경도 15°를 이동할 때마다 1시간씩 빨라집니다.

왜 이런 일이 일어날까요? 그것은 각 지역마다 그 지역에 알맞은 시간, 즉 국제적으로 약속한 표준시를 채택하고 있기 때문입니다.

우리나라는 동경 135°을 표준시로 정하여 사용하고 있습니다. 이것은 일본의 위치를 기준으로 하는 것인데, 왜 하필 일본의 동경을 기준으로 사용하느냐고요? 그건 우리나라의 지리적 위치 때문이랍니다. 우리나라는 동경 124°에서 132° 사이에 위치하고 있기 때문에 15°의 배수인 135°를 기준으로 정한 것이랍니다.

1954년부터 1961년까지는 서울의 경도인 127.5°를 기준으로 사용하기도 하였습니다만, 지금은 동경 135°를 기준으로 표준시를 정하고 있습니다. 따라서 우리나라와 일본의 시간은 같은 셈이지요.

경도 180°인 날짜 변경선을 지나면 날짜가 변한다

그리니치 천문대를 경도 0°로 정하고 동쪽으로 15°씩 12번째 되는 자오선, 즉 동경 180°와 서쪽으로 15°씩 12번째

※ 그리니치 천문대

1675년 찰스 2세가 천문항해술을 연구하기 위해 런던 교외 그리니치에 설립한 천문대로, 태양·달·행성·항성의 위치를 관측하였다. 1884년 워싱턴국제회의에서 이 천문대의 자오선을 본초자오선으로 지정하여 경도의 원점으로 삼았다. 이 천문대는 여러 곳으로 옮겨졌다가 현재는 천문대 본부를 케임브리지에 두고 있지만, 본초 자오선은 그대로 사용하고 있다.

되는 자오선은 같은 자오선이 됩니다. 그러다 보면 이 부분은 다른 시간을 가지게 됩니다.

동쪽으로 따지면 그리니치에 비해 12시간이 빠르고, 서쪽으로 따지면 12시간이 늦은 시간이 되는 것이지요. 이런 불편을 없애기 위해 1883년에 경도 180° 선을 '국제 날짜 변경선'으로 정해 서쪽에서 동쪽으로 이 선을 넘으면 하루를 빼고, 동쪽에서 서쪽으로 이 선을 넘으면 하루를 더해 주도록 협약을 맺은 것이지요.

다시 말하면, 동쪽으로 넘어가면 하루 이득을 보고, 서쪽으로 넘어가면 하루를 손해 보게 됩니다. 서쪽으로 넘어가는 사람은 가령 달력 날짜를 일요일 오전 5시에서 월요일 오전 5시로 고쳐야 하고, 동쪽으로 넘어가는 여행자는 월요일 오전 5시를 일요일 오전 5시로 고쳐야 합니다.

포그 씨가 태양의 남중을 80번 보았지만 서쪽에서 동쪽

가운데 길게 이어진 선이 그리니치 천문대의 본초 자오선이다.

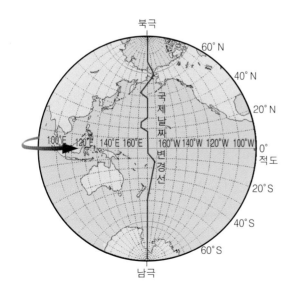

국제 날짜 변경선

그림에서 보듯이 국제 날짜 변경선은 태평양 한가운데를 지난다. 그리고 날짜 변경선이 직선이 아닌 것은 사람들이 사는 섬을 피했기 때문이다. 그리고 북으로는 알류샨 열도(미국)와 캄차카 반도(러시아), 남으로는 뉴질랜드 동쪽에서 일부 휘어져 있는데 이것은 같은 나라 안에서 날짜가 바뀌는 것을 방지하기 위한 것이다.

비행기에서 내려다 본 낮과 밤이 달라지는 경계 지역

으로 이 날짜선을 넘었기 때문에 하루 이득을 보아, 결국 도착한 다음날에 클럽에 나타났지만 내기에 이길 수 있었던 것입니다. 그런데 우리가 사용하는 시간은 어떻게 정해진 것일까요?

하루 길이는 지구 자전 주기와 다르다

우리들이 사용하는 시간은 하루를 24시간으로 정하고, 이어서 1시간을 나누어 60분, 1분을 다시 60초로 나누어 사용하고 있습니다. 우리는 하루의 길이인 24시간은 지구가 스스로 한 바퀴 정확하게 자전하는 데 걸리는 시간으로 알고 있습니다. 그러나 이것은 사실과 다릅니다. 왜냐하면 실제로 지구가 한 바퀴 자전하는 데 걸리는 시간은 23시간 56분 4초이기 때문입니다.

우리가 사용하는 하루의 길이는 태양의 남중을 기준으로 합니다. 태양이 자오선을 지나 다음 날 다시 자오선에 도달하는 시간 간격이 하루의 길이입니다. 그런데 문제는 이 시간 간격이 매일 조금씩 다르다는 데 있습니다. 그 시간 간격을 24시간 단위로 비교해 보면, 짧을 때는 23시간 59분 38초이고, 길 때는 24시간 30초 정도나 됩니다. 이와 같이 태양의 남중과 남중 간격으로 정한 하루 길이는 지구의 자전 주기보다 깁니다. 그뿐만 아니라 일 년 동안 하루 길이를 매일매일 비교해 보아도 같지 않습니다. 왜 이런 일이 발생할까요?

태양의 남중고도

(북위 37° 지방)
· 하지 : 90° − 37° +23.5° =76.5°
· 동지 : 90° −37° −23.5° = 29.5°
· 춘 · 추분 : 90° −37° =53°

지구는 공전 궤도를 따라 이동하므로 남중과 남중 간격이 달라진다

　태양의 남중과 남중 간격, 즉 하루의 길이가 매일 달라지는 이유는 지구가 자전하면서 태양의 주위를 타원 궤도로 1년에 1바퀴씩 공전하기 때문에 생기는 현상입니다.

　지구는 하루에 약 1°씩 태양을 중심으로 동에서 서쪽 방향으로 공전하고 있는데, 그 궤도가 타원을 이루고 있어 지구의 운행 속도가 계속 달라지기 때문에 남중과 남중 간격이 매일 다르게 나타나는 것입니다.

　예를 들어 1월 초에는 태양과 가장 가깝게 되어 지구로

지구의 공전과 계절

지구의 자전축은 공전 궤도면에 대해 23.5° 기울어져 있으므로, 공전 위치에 따라 태양이 비추는 위도가 달라진다. 하지에는 북위 23.5° 부위를 태양이 수직으로 비추므로, 북반구는 기온이 높은 여름이고, 남반구는 겨울이다.

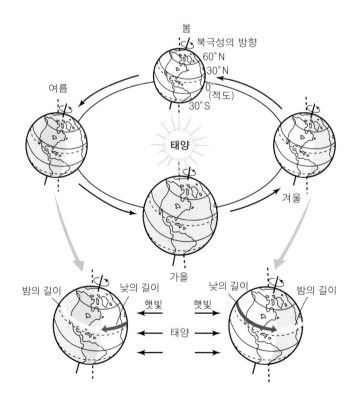

지구의 공전 궤도는 타원이고, 태양에서의 거리가 계절에 따라 다르다. 이 때문에 하루의 길이가 조금씩 달라지며 밤과 낮의 길이도 달라진다.

부터 태양까지의 거리가 약 1억 4,700만 km 정도이고, 7월 초에는 약 1억 5,200만 km로 멀어집니다. 지구의 공전 속도는 태양과 먼 곳에서는 느리게, 가까운 곳에서는 빠르게 이동하는데, 이러한 사실은 천문학자 케플러가 처음으로 밝혀냈답니다. 그래서 이를 설명하는 법칙을 케플러의 법칙이라 하지요.

더구나 약 10만 년마다 지구의 공전 궤도가 더 큰 타원의 공전 궤도를 그리기도 하므로 태양을 중심으로 한 하루의 길이는 점점 더 정하기 어렵게 됩니다.

여기서 잠깐!

케플러의 법칙

케플러의 법칙은 태양계 행성의 운동을 설명하는 법칙으로 다음과 같이 세 가지 법칙으로 정리된다.

1. 제1법칙(타원궤도의 법칙)

행성은 태양을 하나의 초점으로 하는 타원 궤도를 그리며 공전한다.

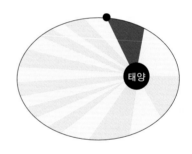

2. 제2법칙(면적속도 일정의 법칙)

행성과 태양을 연결하는 반지름은 같은 시간에 같은 넓이를 휩쓸며 지난다. 즉, 행성의 속도와 그 반지름이 그리는 넓이의 곱은 항상 일정하다.
각 부채꼴의 넓이가 같으므로 태양에서 멀수록 공전 속도가 느리고, 가까울수록 공전 속도가 빨라진다.

3. 제3법칙(조화의 법칙)

행성의 공전 주기의 제곱은 공전 궤도의 긴 반지름의 세제곱에 비례한다. 공전 주기와 타원 궤도의 긴 반지름 사이의 관계를 나타내는 식으로, 이를 이용하면 행성의 공전 주기를 알 수 있다.

우리가 쓰는 24시간은 일 년간의 '하루의 길이'를 평균한 것이다

태양의 남중을 기준으로 하여 매일매일 하루의 길이를 다르게 쓰면 우리 생활에 대단히 복잡한 일이 생길 것입니다. 우리들은 시계를 매일매일 보정해 주어야 할 것이고요. 매일 기차와 비행기를 놓치는 일이 많아질 것이고, 세상은 뒤죽박죽이 되어버릴 것입니다.

이러한 불편을 없애기 위해 일 년 동안의 남중과 남중 간격을 평균한 값인 '평균 태양일'을 구하고, 이 평균 태양일을 24등분하여 1시간으로 정한 것이랍니다.

이렇게 우리가 일상생활에서 사용하고 있는 24시간, 즉 하루의 길이를 정하는 것은 단순해 보이지만, 실제로 그 내용을 들여다보면 매우 복잡하답니다. 결과적으로 보면, 하루를 24시간으로 정한 것은 지구의 자전뿐만 아니라 지구의 공전 효과도 함께 고려하여 정한 시간이지요. 그러면 정확한 시간은 어떻게 정의되는 것일까요?

현대는 원자시계로 시간을 정한다

시간의 기본 단위인 1초는 예전에 그리니치 천문대를 기준으로 '평균 태양일의 86,400분의 1'로 정의하였고, 여기의 시각이 전 세계 시각의 기준이 되는 '그리니치 표준시'가 되었답니다. 그러나 지구의 자전과 공전의 불규칙한 변동으로 시각을 수년마다 조정하는 일이 벌어졌지요. 즉, 시계의 시

세슘원자시계

주기적인 원자진동을 이용하는 원자시계는 여러 나라에서 개발되었는데, 그 중 세슘원자시계는 진동수가 매초 9,192,631,770회로, 그 오차는 3000년에 1초 정도로 매우 정확하다.

간과 천체의 운행을 기준으로 한 시간 사이에 오차가 발생하였으므로 천체의 운행 시간에 시계의 시각을 맞춘 것이지요.

절대적인 시간의 기준을 마련하기 위해 현대에는 정밀한 원자의 진동을 이용한 세슘원자시계를 사용하고 있습니다. 지구 표준시계는 세슘원자에서 방출된 빛이 91억9천2백63만1천7백70번 진동하는 데 걸리는 시간을 1초로 정의하고 있답니다. 이 시계는 지구 자전과 공전의 불규칙한 변동과는 무관한 것이지요.

1967년 파리에서 열린 제13회 세계도량형 총회에서 세슘원자시계를 국제표준시계로 채택하여 현재 사용하고 있습니다. 우리나라에서도 대덕의 표준연구소에 세슘원자시계가 설치되어 있으며, 1980년 8월 15일부터 표준시보제를 실시하고 있습니다. 방송국이나 휴대폰 등의 모든 시간은 이 시계를 기준으로 하고 있습니다. 그러나 세슘 원자 진동수는 일정한 반면 지구 자전에 따른 그리니치 표준시간이 조금씩 느려지기 때문에 이 차이를 없애기 위해 윤초라는 개념이 생겼답니다. 윤초는 지구의 공전과 자전을 기준으로 하는 그리니치 표준시간에 맞추는 작업입니다. 매일 사용하는 시간도 꽤나 복잡한 과학의 산물이지요?

1. 자오선

지평선의 북쪽 방향에서 지평선의 남쪽 방향으로 우리 머리 위를 지나는 반원 모양의 선이다.

2. 표준시

나라나 한 지역에서 공통으로 사용하는 그 지역만의 평균 태양시이다. 그리니치 천문대를 기준으로 경도 15° 마다 1시간씩 차이가 난다.

3. 남중 고도

천체가 자오선을 통과할 때 지평선과의 각도이다.

4. 평균 태양시

태양이 매일 가장 높이 떴을 때의 시각을 평균하여 사용하는 시간으로 하루를 24시간으로 한다.

5. 지구의 공전 주기와 속도

지구의 공전 주기	• 공전 주기 – 1년 • 정확하게는 365.2564일
지구의 공전 제도	• 원에 가까운 타원 가장 가까울 때 : 1월 초 – 1억 4,700만 km 가장 멀 때 : 7월 초 – 1억 5,200만 km
지구의 공전 속도	• 초속 30km 매우 빠르지만 전혀 느끼지 못한다. 관성의 법칙으로 사람이나 공기도 함께 공전과 자전을 하기 때문이다.

6. 케플러의 법칙

타원 궤도의 법칙, 면적 속도 일정의 법칙, 주기의 법칙의 세 가지이다.

7. 세슘원자시계

세슘의 주기적인 원자 진동을 이용한 시계로, 정확하여 모든 시간의 표준이 된다.

베르나르 베르베르의 《개미》

103683호 탐험개미는 빗방울을 볼 수 있었을까?

곤충의 눈

커다란 곤충도 날개에 그런 빗방울을 맞으면 치명상을 입을 수 있다. 뿔풍뎅이는 공포에 사로잡혀 빽빽하게 쏟아지는 빗발 한가운데를 진동진동 헤쳐 나간다. 빗방울 사이로 빠져나가려고 안간힘을 쓴다. 103683호는 더 이상 통제력을 발휘할 수가 없다. 그저 발톱과 부착반에 힘을 잔뜩 주고 웅크리고 있을 뿐이다. 빗방울도 뿔풍뎅이들도 너무 빠르다. 103683호는 차라리 자기의 겹눈을 감고, 앞, 뒤, 위, 아래에서 동시에 나타나는 위험을 보지 말았으면 좋겠다고 생각한다. 그러나 개미들에겐 눈꺼풀이 없다. 아! 한시바삐 뭍에 닿을 수 있으면 좋으련만!

가는 빗방울 하나가 103683호를 힘껏 후려쳐서 그의 더듬이가 가슴에 붙어버린다. 더듬이가 젖어버리자 무슨 일이 벌어지고 있는지 느낄 수가 없다. 이제는 진동을 감지할 수가 없다. 이제 그에게 남아있는 것은 시각뿐이다. 그 때문에 공포가 더욱 심해진다.

《개미》 중

$\begin{array}{c}\large 개\end{array}$ 미 도시 벨로캉의 지혜로운 103683호 탐험 개미. 그는 탐험심이 강하여 세상의 끝을 보고 돌아온 용감한 개미이지요. 또한 뚜렷한 자기의 생각을 가지고 있는 개미이기

베르나르 베르베르 Bernard Werber

1961. 9~
프랑스 현대 작가. 법학을 전공하고
국립 언론 학교에서 저널리즘을 공
부했다. 대학 졸업 후 〈르 누벨 옵세
르 바퇴르〉에서 저널리스트로 활동
하면서 개미에 관한 평론을 해오다
가, 1991년 소설 《개미》로 일약 스
타덤에 올랐다. 작품으로는 《상대적
이며 절대적인 지식의 백과사전》,
《타나토노트》, 《아버지들의 아버
지》, 《나무》, 《뇌》 등이 있다.

도 합니다.

여왕개미에 대한 반역의 무리들과 같이 있기도 하고, 또 여왕개미의 총애도 받기도 해요. 먼 동쪽 끝의 미지의 세계에 사는 '손가락들'을 멸망시키기 위해 여왕개미의 명령을 받아 8만 병정과 67마리의 뿔풍뎅이 군단을 이끌고 원정을 떠나지요.

원정을 떠나기 전, 벨로캉의 혁명적인 여왕개미 클루푸니는 뿔풍뎅이를 훈련시켜 개미들이 이를 타고 공격하는 전술을 익히게 합니다. 원정 군단의 대장인 103683호 개미는 뿔풍뎅이를 타고 날아다니는 연습을 하던 중에 비를 만나게 됩니다. 개미들에게는 매우 공포스러운 빗방울을 피해보려 하지만 빗방울을 피할 수는 없었습니다.

빗방울의 강타에 몸은 다치고, 더듬이는 물에 젖습니다. 남은 것은 시각인데, 눈도 젖고, 눈꺼풀이라도 있으면 감아보겠지만 없는 눈꺼풀을 어찌 감을 수 있겠습니까. 결국 뿔풍뎅이와 개미는 빗방울을 맞고 추락하여 뿔풍뎅이는 박살이 나고 개미도 땅 위에 뒹굴었지요. 빗방울을 피해 나아가는 개미와 풍뎅이에게 빗방울은 어떻게 보였을까요? 곤충의 눈과 우리의 눈에 대해 살펴볼까요?

개미는 떨어지는 빗방울을 선명하게 보았을까?

개미의 눈에 빗방울의 형태는 거의 보이지 않고, 다만 빗방울의 움직이는 모습만 보였을 것입니다. 물론 이 개미를 태우고 신나게 비행하던 뿔풍뎅이의 눈에도 말입니다. 빗방울의 모습은 공기의 저항 때문에 아마 아래가 둥글고 위가 뾰족한 모양이었겠지만 개미의 눈에는 그런 모습은 거의 보이지 않았을 것입니다. 개미나 풍뎅이 같은 곤충의 눈은 사람의 눈과는 달리 여러 개의 홑눈이 모여 하나의 큰 눈을 이루는 겹눈이기 때문입니다.

겹눈은 상을 맺는 능력이 아주 나쁩니다. 그러나 개미들은, 모양은 잘 보지 못했지만 아마 빗방울의 움직임은 느꼈을 것입니다. 곤충이 가진 겹눈은 물체의 움직임을 기가 막히게 알아내거든요. 그럼 지금부터 개미나 풍뎅이와 같은 곤충의 눈에 대해 알아볼까요?

나비의 겹눈
여러 개의 홑눈이 모여 있다.

곤충의 눈은 여러 개의 홑눈이 모인 겹눈이다

개미나 나비와 같은 곤충의 겹눈을 확대해보면, 표면이 그물 모양으로 되어 있는 것을 볼 수 있습니다. 이 육각형의 그물눈 하나하나가 홑눈입니다. 그러나 육각형의 홑눈의 수만큼 상이 다 보이는 것은 아닙니다. 많은 작은 홑눈들은 각각 물체의 한 부분만을 볼 수 있습니다.

따라서 겹눈으로 바라보는 세상은 우리들이 보는 세상과 다릅니다. 홑눈은 그 자체가 하나의 작은 눈으로서 렌즈를 통해 들어온 빛 중 눈에 수평으로 들어온 빛만 감각합니다. 약간 비스듬히 들어온 빛은 긴 원통형의 시세포를 둘러싸고 있는 색소 세포에 흡수되어 버리므로, 하나의 홑눈에서 보이는 범위는 매우 좁지요.

그러나 많은 홑눈이 있기 때문에 각 홑눈으로부터 얻어

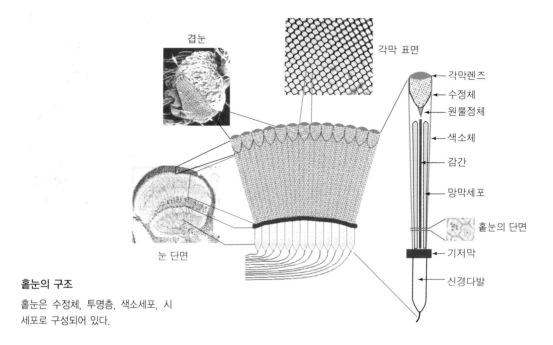

겹눈

각막 표면

각막렌즈
수정체
원뿔정체
색소체
감간
망막세포
홑눈의 단면
기저막
신경다발

눈 단면

홑눈의 구조

홑눈은 수정체, 투명층, 색소세포, 시
세포로 구성되어 있다.

진 상들을 종합하여 하나의 전체적인 상을 형성합니다. 즉,
미술의 모자이크 기법에서 조각들을 붙여 어떤 형체를 형성
하듯이 겹눈은 홑눈에서 얻어진 물체의 부분들을 종합하여
완성된 상을 맺습니다. 그러니 상의 전체적인 모습은 매우
엉성할 수밖에요.

홑눈의 수가 많은 겹눈일수록 그만큼 상의 질은 좋아진

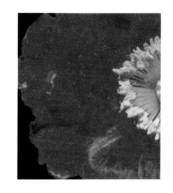

꽃의 모습

왼쪽 꽃은 사람의 눈으로 본 것이고, 오른쪽
꽃은 곤충의 눈으로 본 것이다.

답니다. 겹눈을 구성하는 홑눈의 개수는 일개미가 6~9개, 집파리가 약 4,000개, 잠자리류가 10,000~28,000개 정도입니다. 따라서 일개미가 바라보는 물체는 거의 제 모습을 볼 수 없을 것입니다. 6~9개의 점으로 물체의 모습을 그려야 하니까요. 잠자리는 물체의 모습을 비교적 정확하게 볼 수가 있을 것입니다. 그래도 우리가 보는 능력의 1/80 정도밖에 되지 않는답니다.

홑눈의 겉면은 보통 육각형 또는 오각형으로 촘촘히 배열되어 있는데, 수가 적은 것은 원형에 가깝습니다.

곤충의 겹눈은 움직이는 물체를 잘 파악한다

겹눈은 물체의 상을 맺는 데에는 엉성한 눈이지만, 움직이는 물체를 알아채는 데에는 아주 효율적이랍니다. 모자이크 세상에서는 물체의 움직임이 더욱 과장돼 보이기 때문이지요. 시야를 가로질러 어떤 물체가 지나갈 때 홑눈들이 하나씩하나씩 차례로 상을 맺게 됩니다. 이 때문에 겹눈을 가진 곤충은 정지된 물체보다 움직이는 물체를 훨씬 더 잘 알아차리게 됩니다.

예를 들어 꿀벌은 가만히 있는 꽃보다 바람에 살랑이는 꽃을 찾아가게 되고, 파리채를 휘둘러도 파리를 놓치는 일이 많은 것 또한 이런 이유에서입니다. 개미와 풍뎅이는 떨어지는 빗방울의 모습은 잘 보지 못했어도 빗방울의 움직임은 알아챘을 것입니다.

사람의 눈은 아날로그 방식으로, 상이 깨끗하게 맺힌다

시각기인 눈은 반사되어 들어오는 빛을 망막에 맺게 하여 시세포가 흥분하여 감각하게 됩니다. 그런데 곤충의 눈은 수많은 홑눈이 모여 상을 맺는 반면, 우리들의 눈은 하나의 안구에서 맺게 됩니다. 안구의 망막에 수많은 시세포들이 있어 이를 감각하게 되고요.

광학 카메라가 이와 같은 구조입니다. 광학 카메라란 필름을 넣고 찍는 전통적인 카메라로, 우리들의 눈을 본떠 만든 것입니다.

망막에는 밝은 빛에서 주로 작용하여 색과 모양 등을 인식하는 원추세포와 어두운 곳에서 형태를 주로 감각하는 간상세포가 있습니다. 사람의 눈에는 약 7백만 개의 원추세포와 1억 3천만 개의 간상세포가 존재합니다.

사람의 망막에는 빨간색, 초록색, 파란색의 빛에 예민한 세 종류의 원추세포가 있어 색을 구별할 수 있습니다. 원추세포에는 빨간색 영역을 보는 긴 파장 원추세포인 ρ(로우)세

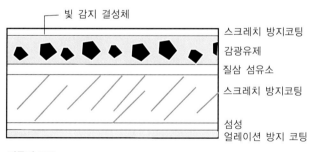

빛 감지 결정체

스크레치 방지코팅
감광유제
질삼 섬유소
스크레치 방지코팅
섬성
얼레이션 방지 코팅

필름의 구조

포와, 초록색과 노란색 영역을 보는 중파장 원추세포인 γ(감마)세포, 그리고 파란색 영역을 보는 단파장 원추세포인 β(베타)세포가 있습니다. 이들의 분포 비율은 정상인의 경우 40 : 20 : 1로 알려져 있습니다. 일반적으로 빨간색이 눈에 가장 잘 띄는 것은 바로 이 때문입니다. 눈으로 들어오는 빛의 파장에 따라 이 세 종류의 원추세포에서 발생하는 흥분에 차이가 생기고, 이러한 차이가 신경계에 그대로 전달됨으로써 색깔의 구별이 가능해집니다. 즉, 파란색ㆍ초록색ㆍ빨간색의 3색광의 빛에 각각 반응하는 정도와 조합에 따라 색을 느끼게 됩니다. 빨간색 영역을 보는 긴 파장 원추세포인 ρ(로우)세포와 초록색과 노란색 영역을 보는 중파장 원추세포인 γ(감마)세포가 함께 흥분하면 황색으로 나타나듯 말입니다.

　이 시세포들이 워낙 많이 분포하고 있어서 물체로부터 반사되어 오는 빛을 거의 완벽하게 모든 부분을 감각하기 때문에 물체를 깨끗하게 볼 수 있습니다. 우리들의 눈과 카메라는 연속된 정보를 처리하는 아날로그 방식인 셈이지요. 광학 카메라는 사람의 눈을 철저히 본 뜬 것이지요.

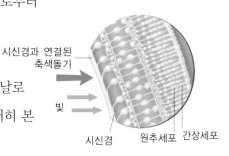

시신경과 연결된 축색돌기

빛

시신경　　원추세포　간상세포

시세포 원추 세포와 간상 세포

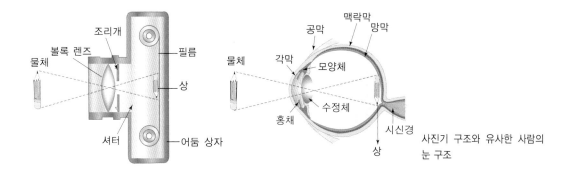

사진기 구조와 유사한 사람의 눈 구조

곤충의 겹눈은 디지털 카메라와 비슷하다

사람의 눈은 아날로그 방식으로 상이 깨끗하게 맺히지만, 곤충의 겹눈은 각 홑눈이 맺은 일부분의 상을 조합해서 전체 모양을 만들어내므로 모자이크처럼 보입니다.

따라서 곤충은 사람의 눈처럼 사물의 모든 것이 그대로 보이는 것이 아니라 모자이크처럼 상이 흐릿하게 보일 것입니다. 더구나 사람의 눈은 수정체의 두께를 조절하여 상이 망막에 정확하게 맺게 하지만, 홑눈에는 그런 기능이 없으므로 일정한 거리 이외의 물체는 잘 보이지 않습니다. 마치 컴퓨터에 저장된 그림을 아주 크게 확대하면 상의 경계가 사각형처럼 생기거나 형태가 일그러지듯이 말입니다.

화소가 낮은 디지털 카메라(디카)로 찍은 사진을 크게 확대하면 상이 흐릿하게 나오는 것을 본 적이 있을 겁니다. 그것은 디카의 사진 촬영 원리가 곤충의 겹눈과 비슷하기 때문입니다. 왜 그런지 디카를 잠시 살펴보고 넘어갈까요?

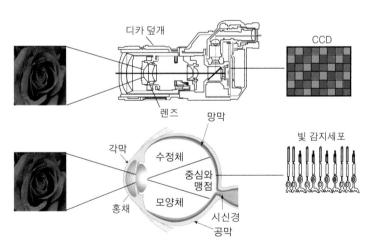

사람 눈과 디지털 카메라 원리 비교

디지털 카메라의 화소와 상

아날로그 카메라인 광학 카메라는 물체에서 반사된 빛을 기록하는 데에 필름을 사용하지만, 디지털 카메라는 일반적으로 이미지 센서인 CCD나 CMOS를 사용합니다.

CCD 안에는 아주 미세한 트랜지스터들이 심어져 있어서 이것이 빛을 감지하여 0과 1로 된 디지털 신호를 만들어 화면을 만들어냅니다. 따라서 이런 미세한 트랜지스터 입자들이 많을수록 좀 더 선명한 화면을 만들 수 있는 것입니다. 이 트랜지스터 입자를 픽셀 또는 화소라고 하는데, 한 장의 사진을 표현하는 데 몇 개의 화소로 구성되는가를 화소수로 표시합니다. 400만 화소라는 것은 400만 개의 픽셀로 한 장의 사진을 구성한다는 뜻입니다.

화소가 큰 것의 장점은 자세한 이미지의 표현이 가능하다는 것이며, 이미지를 확대할 때 깨끗한 화질을 제공한다는 것입니다. 미술 시간에 모자이크를 해본 기억을 떠올려보면 작은 조각들로 그림을 완성할 때 작은 조각을 많이 붙일수록 자연스러운 그림이 나타나는 것처럼, 디지털 카메라도 화소가 많을수록 자연스러운 사진을 표현할 수 있겠지요.

100만 화소대의 디지털 카메라에서 제공하는 이미지의 최대 크기는 1,280×960이므로, 우리가 사용하는 요즘의 컴퓨터 해상도 1,024×768를 생각한다면, 단순히 컴퓨터에 이미지 올려놓는 작업에는 100만 화소도 충분하다는 계산이 나옵니다. 이미지를 출력한다거나 A4 용지 크기로 확대할 때에는 300만 화소쯤 되어야 가장자리가 사각형으로 표시되

※
CCD와 CMOS

CMOS는 동작 속도는 느리지만 소비 전력이 아주 작은 반도체로서, 계산기나 손목시계 등의 휴대용 제품에 많이 사용되고 있다. CMOS 역시 CCD와 같은 작동 원리를 가지는 촬상소자이다.

두 센서가 이미지를 캡처하는 원리는 비슷하지만, 여러 가지 장단점을 서로 가지고 있다. 일반적으로 CCD는 디지털 카메라와 같은 고화질용, CMOS는 스캐너나 웹 카메라, 핸드폰과 같은 저화질용으로 사용되고 있다. 이는 CCD가 CMOS에 비해 전송 속도가 빠르고, 색깔을 표현하는 능력이 뛰어나며, 화소 간의 기능 차이가 나지 않기 때문이다.

그러나 CMOS는 CCD에 비해 전력을 적게 소모하고, 제조 원가도 낮을 뿐더러 신호 처리 과정을 하나의 칩으로 만들 수 있기 때문에, 부피가 줄어드는 장점이 있다. 최근에는 디지털카메라가 고화소 추세로 바뀌는 상황으로 인해 CMOS보다는 CCD의 활용 범위가 더 넓어지고 있다.

거나 상이 흐려지는 등의 왜곡이 없어집니다. 그래서 일반 사용자는 300만 화소대의 카메라를, 고급 사용자는 500만 화소 정도에 수동기능이 들어간 두껍고 무거운 카메라를 사용하는 것입니다.

개미도 색깔을 구별할 수 있을까?

보라색의 도라지꽃, 노란 양지꽃, 자주색의 할미꽃, 노란 개나리……. 형형색색의 아름다운 꽃이 핀 들판에서 개미도 이 아름다운 세상을 볼 수 있을까요? 아쉽게도 개미는 이 아름다운 세상의 빛깔을 거의 보지 못하고, 단지 밝고 어두운 흑백으로 세상을 바라봅니다. 대부분의 곤충들은 한 가지 색소를 가지고 있어서 단지 밝고 어두운 것으로 물체를 식별하기 때문에 이 아름다운 세상을 잘 볼 수가 없습니다.

꿀벌을 포함한 몇몇 곤충들은 두 종류 혹은 그 이상의 색소를 가지고 색을 구분하기도 합니다. 꿀벌은 사람에게는 보이지 않는 자외선에 반응하는 색소를 가지고 있습니다. 자외선을 통해 꽃을 보면 우리가 가시광선 아래에서 보던 색과는 전혀 다르게 보입니다. 벌과 나비가 정확히 어떻게 꽃을 보는지는 알 수 없지만 감지 영역이 비슷한 자외선 카메라로 꽃을 찍어보면 놀라운 영상을 얻을 수 있습니다. 사람의 눈에는 한 색으로 보이는 꽃잎이, 자외선으로 보면 꿀이 있는 중앙으로 갈수록 짙어집니다. 식물이 수정을 위해 벌과 나비를 끌어들이는 전략인 셈이죠.

왼쪽은 가시광선으로 본 꽃, 오른쪽은 자외선으로 본 꽃이다.

가시광선과 자외선

햇빛은 파장에 따라 적외선, 가시광선, 자외선 등으로 나뉜다. 가시광선은 눈에 보이는 빛으로, 빨강 · 주황 · 노랑 · 초록 · 파랑 · 남색 · 보라 등이다. 이 중에 빨강색의 빛은 파장이 780nm이고, 보라색은 380nm 정도로 빨강색에서 보라색으로 갈수록 파장

이 짧아진다. 빨강색의 빛보다 파장이 더 큰 쪽은 적외선이라고 하며, 빨강(적)의 바깥쪽(외)의 광(선)이라는 뜻이다. 보라색의 빛보다 파장이 더 짧은 쪽은 자외선이라고 하며, 보라(자)의 바깥쪽(외)의 광(선)이라는 뜻이다.

표면 온도가 6,000°C 정도의 고온 전체인 태양은 적외선 · 가시광선 · 자외선 영역의 빛을 모두 방출하지만, 표면 온도가 15°C 정도인 저온 천체인 지구는 적외선 영역의 빛만 방출한다.

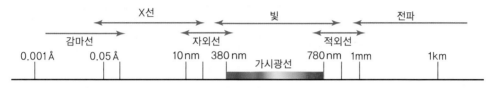

전자파의 종류와 파장과의 관계

겹눈의 구조를 응용하면 아주 얇은 센서나 디스플레이가 가능하다

앞에서 본 것처럼 곤충의 눈은 겹눈으로 홑눈의 작은 렌즈가 많이 모여 있는 구조이지요. 사람의 눈처럼 하나의 수정체, 즉 큰 렌즈인 경우는 초점 거리가 길지만, 곤충의 홑눈의 수정체는 매우 작으므로 초점 거리가 짧습니다. 이런 성질을 이용하여 작은 렌즈를 많이 배치하는 구조로 함으로써 매우 얇은 센서를 만들 수 있습니다. 또한 이런 성질을 이용하면 매우 얇고 구부릴 수 있는 디스플레이를 만들 수 있습니다. 실제로 이미 몸에 입고 다니는 컴퓨터가 선보이기도 했답니다.

잠자리!
네 눈의 원리를
이용한 거야!

내 눈이
홑눈이지

또 겹눈은 하나하나의 홑눈 사이에 시차가 생기므로 입체로 볼 수 있습니다. 그 원리를 반대로 응용하면, 맨눈으로 보더라도 입체로 보이는 그러한 디스플레이를 만드는 일도 가능하다고 합니다. 과연 그런 디스플레이는 언제쯤 나올까요? 하찮게 보이는 파리나 나비와 같은 곤충에게서 우리가 배우고 응용해야 할 점이 참으로 많지요?

내용정리

1. 겹눈

여러 개의 홑눈이 모여서 모자이크적으로 전체적인 상을 파악한다. 홑눈은 수평으로 들어온 빛만을 감각한다.

2. 겹눈의 특징

움직이는 물체를 잘 감각한다.

3. 디지털카메라

이미지 센서인 CCD(Charge Coupled Device, 촬상소자)나 CMOS(상보성 금속 산화막 반도체)를 사용하는 카메라로서, CCD 안에는 아주 미세한 트랜지스터들이 심어져 있어서 이것이 빛을 감지하여 0과 1로 된 디지털 신호를 만들어 화면을 만든다.

4. 곤충의 눈

겹눈으로 흑백으로 감지하지만 자외선도 감각한다.

크립텍스의 비밀

암호 과학

철자가 박힌 원통의 다이얼을 가리키며 소피가 말했다. "우린 패스워드가 필요해요. 크립텍스는 자전거의 조합식 자물쇠와 매우 비슷하게 작동하는 거예요. 제대로 글자를 맞추면 열쇠가 풀리잖아요? 이 크립텍스의 경우는 다섯 개의 철자 다이얼이 있네요. 원통의 디스크들을 회전시키면서 올바른 순서에 따라 철자를 맞추는 거예요. 그러면 내부 회전판이 맞춰지며 원통이 열리는 거죠."
"그리고 안에는?"
"일단 원통이 열리면 내부의 빈 공간을 볼 수 있죠. 그 안에는 비밀로 간직하고 싶은 정보를 담은 두루마리를 집어넣는 거예요. (중략)
"파피루스를 크립텍스 안에 넣을 때는 파피루스로 식초가 든 유리병을 둘둘 말아 함께 넣어요."
만일 누가 억지로 크립텍스를 열면, 유리병은 깨질 것이다. 그러면 병 안에 든 식초가 즉시 파피루스를 녹여 버린다.

《다빈치 코드》 중

루브르 박물관에서 살해된 박물관장 자크 소니에르가 남긴 단서를 따라가던 랭던 교수와 소니에르의 손녀 소피는 결국 취리히 안전 금고 은행에 맡겨둔 성배라 생각되

댄 브라운 Dan Brown

1964. 6. 22~
미국의 소설가. 《다빈치 코드》를 통해 세계적인 베스트셀러 작가가 되었고, 미국 언론으로부터 '소설계의 빅뱅'이라는 찬사를 받고 있다. 작품으로는 《디지털 포트리스》와 《천사와 악마》 등이 있다.

는 장미목 상자를 찾게 됩니다. 그러나 장미목 상자 속에서 나온 것은 성배가 아니라 성배의 행방을 알려줄 문서가 든 크립텍스였습니다. 크립텍스의 암호를 정확히 알지 못하고 크립텍스를 강제로 열면, 그 속의 파피루스가 식초에 녹아 없어져 버립니다.

소설 전반에 걸쳐 이야기되는 기호와 상징의 해석과 암호를 풀어가는 과정이 참으로 흥미진진합니다. 여기서는 암호 과학에 대해 알아볼 것입니다.

크립텍스를 안전하게 열려면?

소설 속에서 작가 댄 브라운은 레오나르도 다빈치의 일기로부터 쟈크 소니에르가 성배의 위치와 관련된 문서를 안전하게 보관하는 용기로 크립텍스를 만들었다고 묘사하고 있습니다.

크립텍스란 작가가 만들어낸 용어이며, 다빈치는 그런

크립텍스

각 다이얼에 알파벳 26자가 있고, 정확히 글자가 일치하지 않으면 열리지 않는다.

일기를 남기지 않았다고 합니다. 묘사된 크립텍스는 숫자 다이얼을 돌려 여는 자물쇠와 같은 원리로, 알파벳 A에서 Z까지의 26글자가 새겨진 5개의 다이얼이 있고, 각각의 다이얼에 설정된 알파벳이 모두 일치해야 열리는 구조로 되어 있습니다.

이를 실제로 만들어본다면 54쪽의 그림과 같은 구조일 것입니다. 사진은 소설이 많은 관심을 끌자 상품으로 팔기 위해 고급스럽게 제작한 실제 물건의 사진입니다.

크립텍스를 열기 위해서는 각 다이얼의 정확한 글자를 알아야 합니다. 소설에서는 크립텍스의 암호(패스워드)가 'SOFYA'입니다. 만약 이 패스워드를 찾기 위해 모든 글자의 조합으로 맞추어 본다고 가정해 봅시다.

첫 번째 다이얼에서 A~Z까지의 글자 중 S를 선택할 수 있는 확률은 1/26이고, 두 번째 다이얼에서 O를 선택할 수 있는 확률 또한 1/26입니다. 세 번째, 네 번째, 다섯 번째 다이얼에서 각각 F, Y, A를 고를 확률도 모두 1/26이므로, 5개의 다이얼에서 'SOFYA'를 찾아내기란 $1/26^5 = 1/11,881,376$의 확률로 거의 불가능합니다. 오늘날의 컴퓨터로 한다면 금방 할 수 있겠지만, 손으로 돌려 암호를 맞춘다는 것은 상상할 수 없습니다.

요즘 금고나 캐비닛의 다이얼은 숫자 조합으로 많이 만들고 있습니다. 1부터 99까지의 숫자로 되어 있을 경우, 암호를 찾아내기란 더 어렵겠지요.

한자 성어에 '우공이산'이라는 말이 있습니다. 어리석고 무모한 듯하지만 우직한 사람이 큰일을 할 수 있다는 뜻

레오나르도 다빈치
Leonardo da Vinci

1452. 4. 15~1519. 5. 2
르네상스 시대의 이탈리아를 대표하는 천재적인 미술가 · 과학자 · 기술자 · 사상가이다. 수학을 비롯한 여러 가지 학문을 배웠고, 음악에 재주가 뛰어났으며, 유달리 그림 그리기를 즐겼다. 《모나리자》, 《성 안나》, 《최후의 만찬》 등이 대표작이다.

☀ 우공이산 愚公移山

흙을 열심히 나르는 노인을 보고 무엇을 하느냐고 물었더니 산을 옮기는 중이라고 하는 데서 비롯된 말이다.

이지요. 이와 같은 우공이라면 모를까, 누가 하나하나 맞춰 보며 암호를 알아낼까요?

암호는 다양하게 발전해 왔다

고대 사회의 암호는 황제나 왕, 군주 등이 지방 관리에게 보내는 문서나 비밀 정책의 통보, 국가 기밀문서 등에 이용하거나, 전쟁 중 작전지시나 군사 훈련 중 지휘관의 명령 또는 보고사항 등을 적이 모르게 전달하기 위해 주로 사용하였습니다.

고대 그리스에서는 노예의 머리를 깎아 통신문을 머리에 적어두고 머리카락이 길 때를 기다렸다가 상대방에게 노예를 보내면, 다시 노예의 머리를 깎아 통신문을 전달하기도 하였지요.

자외선이나 적외선에만 나타나는 특수 잉크 등으로 만든 문서 등은 현대에도 사용되는 방법입니다. 이런 종류의 암호 전달 방식은 통신문의 존재 자체를 숨기는 방법으로, 다른 사람이 인식하지 못하도록 통신문을 감춘다는 뜻에서 '스테가노그래피(steganography)'라고 합니다.

하도 많이 적어서 더 적을 데가 없잖아!

그 다음으로 나타난 것이 전달하려는 문장을 재배열하는 방식으로, 막대기에 따로 된 종이를 돌돌 감아 전하고자 하는 문장을 옆으로 쓴 다음 종이를 풀면 전달문의 각 문자는 재배치되어 내용을 알 수 없게 되지요. 이 암호문을 받은 사람은 보낸 사람이 사용한 막대기와 직경이 같은 막대기에 암호문이 적혀 있는 종이를 감고 옆으로 읽으면 전달하고자 하는 문장을 얻을 수 있지요.

이외에 글자를 바꾸는 방식으로 로마 시대의 줄리어스 시저(Julius Caesar)가 사용한 '시저 암호'가 있습니다. 이 방식은 전달하고자 하는 문장의 각 문자를 오른쪽으로 3자씩 이동시켜 그 위치에 해당하는 다른 문자를 읽는 방식입니다. 즉, A는 D로, B는 E, C는 F로, 계속해서 Z는 C로 바꾸어 읽는 방식이지요. 이런 방법은 전달하고자 하는 문장이 드러나 있지만 의미가 숨어버리므로 이런 방식을 '크립토그래피(Cryptography)'라 합니다.

1, 2차 세계 대전으로 암호 통신이 비약적으로 발전하였다

1, 2차 세계대전을 겪으면서 암호 통신은 매우 비약적으로 발전했습니다.

영화 〈U-571〉에서 미군들이 독일 잠수함에 있는 무선 통신 장치인 이니그마를 탈취하는 과정이 나옵니다. 이후에 연합군이 나치의 암호체계인 이니그마를 완전 해독함으로써 독일 잠수함을 곳곳에서 침몰시켜 승전하는 데 큰 공을 세웠습니다.

〈윈드 토커〉란 영화에서는 미군들이 인디언들이 쓰는 언어를 암호화하여 통신함으로써 독일군이 통신 내용을 알지 못하도록 하기도 합니다. 이런 방식은 전하고자 하는 전달문

이니그마 Enigma

독일이 2차 세계 대전에 사용한 암호기로 건전지로 작동하는 타자기와 비슷한 모양이다. 각각 알파벳이 새겨진 원판 3개와 문자판으로 구성되며, 문자판 위의 문자키 하나를 누르면 나란히 놓인 3개의 원판이 회전하면서 매우 복잡한 체계에 의해 사람이 계산할 수 없을 만큼의 많은 암호가 만들어진다. 영국의 천재 수학자인 알란 튜링이 1943년 12월 콜로서스(Colossus-거인)라는 세계 최초의 연산 컴퓨터를 만들어 이 복잡한 암호문을 해석하게 되어 연합군은 독일의 통신문을 해독하여 승전으로 이끌었다.

영화 〈윈드 토커(2002)〉

영화 속에서 미군은 나바호 인디언 부족들의 언어를 암호로 사용한다.

이 드러나지만 이를 해석하는 방법을 알지 못하면 내용을 알지 못하는 크립토그래피의 일종입니다. 현대에도 군사적으로 암호는 매우 많이 사용되는데, 군인 중 전령은 음어라고 하는 암호로 통신하여 명령을 주고받고 있지요.

현대의 정보통신에서 암호는 더욱 중요해지고 있다

현대의 정보 통신에서 암호는 핵심적인 분야입니다. 요즈음 인터넷에서 특정 사이트에 접속하려면 반드시 아이디와 비밀번호를 입력해야 합니다. 인터넷을 사용해본 사람이라면 누구나 아이디나 비밀번호가 맞지 않아 낭패를 본 경험이 있을 것입니다.

인터넷에서 사이트를 접속할 때는 보안 유지를 위해 아이디와 비밀번호를 입력해야 한다.

현대의 정보통신 기술에 요구되는 암호는 점점 더 많아집니다. 집으로 들어가는 출입문의 암호 키, 은행에서 사용하는 통장이나 신용카드의 번호와 비밀번호는 아주 중요하지요.

오늘날에도 가장 복잡한 암호 체계를 사용하는 곳은 역

시 국가의 안보를 책임지고 있는 군사 분야인 것은 사실이지만, 컴퓨터의 작동, 은행에서의 입출금, 보안 시설의 출입, 그리고 인터넷 상거래 등에서도 암호는 절대적으로 중요한 역할을 하게 되었습니다.

과학과 기술의 발달로 과거 어느 때보다 밝고 투명한 사회로 발전하고 있는 우리에게 어딘가 음침하고 어두운 냄새를 풍기는 암호가 필수품이 되어 가고 있다는 사실은 역설적으로 보이기도 합니다.

해커와의 전쟁

인터넷 뱅킹이나 각종 정보를 가진 네트워크를 보호하기 위해서 다른 사람이 침입하지 못하도록 별도의 방화벽과 각종 비밀 보안 장치를 마련하지만, 그래도 이를 무력화시키는 해커들이 있습니다. 현대의 암호 전문가들과 해커들은 눈에 보이지 않는 무서운 전쟁을 하고 있답니다.

또한 각종 지적 재산권의 보호를 위해서도 암호는 매우 중요한 역할을 하고 있지요. 각종 소프트웨어의 복제 방지를 위해 소프트웨어 내부에 복제 방지를 위한 암호를 숨겨두고 복제가 되지 않도록 방지하고 있습니다. 컴퓨터의 각종 소프트웨어나 DVD 등이 쉽게 복제된다면 그것을 만든 회사는 금방 망할 수밖에 없겠지요. 다른 사

람이 산 소프트웨어를 복사해서 사용하고 싶은 유혹이 생기지만 먼 미래를 내다보면 그것이 좋은 일만은 아니지요. 기술의 발전을 위해서는 그 회사 제품을 사서 사용해 주어야 그것을 개발한 회사가 그 번 돈으로 더 좋은 기술을 개발할 수 있을 것입니다. 윈도우 XP 등의 각종 운영체제는 복사 방지를 위해 다양한 암호를 내장하고 있어 복사가 거의 불가능하다고 합니다.

현대의 암호는 수학의 논리회로를 기초로 하고 있다

현재 각종 정보통신에 사용되는 암호는 수학의 논리 회로, 즉 알고리즘이라는 것을 응용하고 있습니다. 과학에 머리 아프게 웬 수학이냐고요? 과학은 수학을 기본으로 하고 있으므로 수학을 잘 하는 사람이 과학도 잘 할 수 있답니다. 물론 과학자는 수학의 기본이 있어야 하고요. 알고리즘이란, 문제를 해결하기 위한 절차나 방법을 의미합니다. 예를 들면 수학의 방정식 '$3x+3=x+5$'를 풀어갈 때,

1. 우변의 x를 좌변으로 이항한다. $3x-x+3=-5$
2. 좌변의 상수항인 3을 우변으로 이항한다. $3x-x=5-3$
3. $2x=2$에서 양변을 2로 나눈다. $2x \div 2 = 2 \div 2$
4. 답을 얻는다. $x=1$

와 같이 명확하게 풀어가는 절차를 알고리즘이라고 보면 됩니다.

우리가 인터넷에서 사용하는 암호는 수학의 여러 가지 이론을 알고리즘으로 프로그램화하여 사용하는 것입니다. 컴퓨터의 암호는 독특한 알고리즘을 프로그램화하여 2진법

※

2진법
0과 1로 구성된 진법으로 현대 디지털 문명의 근간을 이룬다. 0이면 off, 1이면 on으로 전류가 꺼지고 켜지는 상태로 각종 정보 처리가 이루어진다.

에 따른 복잡하고 긴 연산을 하여 다른 사람들이 풀 수 없도록 하는 프로그램입니다. 즉, 통신의 비밀을 유지하고자 하는 것이지요.

보내고자 하는 전달문을 프로그램에 따라 암호화하고, 이를 다시 받는 사람이 풀어서 보통의 전달문을 얻게 되는 것입니다. 이 과정에서 수학의 함수가 이용되며, 문장을 암호화시키고 다시 푸는 데 키(key)가 필요합니다.

다양한 암호 프로그램을 운용하기 위해서는 사회적 합의가 필요하다

인터넷 뱅킹이나 전자 상거래를 하기 위해서는 본인임을 인증하는 절차가 필수적이며, 이를 관리하기 위해서는 관계되는 모든 사람·기관들의 합의가 필요합니다. 인증서를 발급하는 인증 기관과 인증서 신청 시 사용자의 신분과 소속을 확인하는 등록 기관, 인증서와 사용자 관련 정보, 상호 인증서 및 인증서 취소 목록 등을 저장 검색하는 장소인 디렉터리, 또한 이를 사용하는 사용자 등의 합의가 필요한 것이지요.

우리들이 사용하는 여러 가지 전자 우편이나 인터넷 뱅킹 등은 이런 과정을 모두 거친 것입니다. 이런 합의를 조정하고 관리하는 곳이 국가 정보 통신부이고요.

암호학의 그늘

여러 사람들이 컴퓨터를 통해서 전화를 하고, 또 전자우

편과 전자상거래를 하고 있습니다. 이때 가장 중요한 것이 정보의 보안입니다. 따라서 정보의 보안을 유지하는 일은 현대 디지털 시대에 꼭 필요한 기술입니다.

디지털 시대의 핵심인 인터넷은 오히려 개인의 정보와 사생활을 더 쉽게 침해할 수 있으며, 실제로 그런 일이 많이 일어나고 있습니다. 회사나 국가 기관, 개인의 중요 비밀이 해킹되어 밖으로 유출되면 큰일이 일어날 것은 당연한 일입니다. 이를 방지하기 위해 다양한 방법이 사용되고 있는데, 들고 나는 정보를 선별적으로 막아주는 방화벽 프로그램 설치나, 지문이나 망막·홍채·손금·목소리 등과 같은 개인의 생물학적 특성을 이용하여 그 동일성이 확인되는 사람에 대해서만 시스템으로의 접근을 허용하는 생물측정학적 방법, 그리고 가장 많이 사용되는 일반적인 패스워드 등을 이용하는 방법이 있지요.

암호가 쉽게 많이 사용되다 보니 의외의 문제가 많이 발생하고 있답니다. 사회적인 범죄와 테러 집단의 정보까지 함께 보호해주는 부작용을 낳게 된 것이지요.

지난 1995년 도쿄 지하철에 유독 가스를 살포했던 옴진리교(교주 아사하라 쇼코가 1894년 창설한 옴신선회의 후신으로 종말론을 주장해온 신흥종교단체, Aum)가 자신들의 정보를 암호화하였음이 밝혀졌고, 세계적으로 암호를 사용하는 범죄 집단의 수는 매년 두 배가량 늘어나고 있다고 합니다. 이제 암호의 대중화는 국가 안보에도 심각한 위해 요소로 등장하고 있습니다.

얼마 전부터 원자와 분자들로 구성된 미시 세계를 지배

해킹 haking

「컴퓨터 네트워크의 보완 취약점을 찾아내야 그 문제를 해결하고 이를 악의적으로 이용하는 것을 방지하는 행위」를 말하였으나 차츰 나쁜 의미로 변질되었다.
다른 사람의 컴퓨터에 침입하여 정보를 빼내서 이익을 취하고, 파일을 없애버리거나 전산망을 마비시키는 행위 등이 일어나고 있다.
「정보통신기반 보호법」에서 이런 범죄 행위를 한 자에 대해서는 10년 이하의 징역 또는 1억원 이하의 벌금에 처하도록 하고 있다.

양자 컴퓨터

현재의 디지털 컴퓨터는 스위치를 켜거나(1) 끄는(0) 상태로서, 전기가 흐르거나 흐르지 않는 형태로 2진법의 1비트(Bit)를 구현한다.

그러나 물리학의 양자역학 원리를 이용한 양자 컴퓨터는 '큐비트(Qbit)'라 불리는 양자 비트 하나로 0과 1의 두 상태를 동시에 표시할 수 있다.

따라서 2개의 큐비트라면 모두 네 가지 상태(00, 01, 10, 11)를 중첩시키는 것이 가능하고 n개의 큐비트는 2의 n제곱만큼 가능하게 되어, 정보가 동시에 처리되므로 연산 속도는 현재의 컴퓨터와 비교할 수 없을 정도로 빨라질 것으로 예상하고 있다. 양자 컴퓨터가 개발되면 현재의 컴퓨터로 해독하는 데 수백 년 이상 걸리는 암호 체계도 불과 4분 만에 풀어낼 수 있을 것이

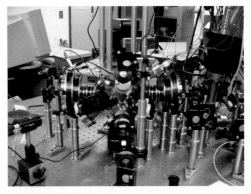

양자 컴퓨터의 복잡한 내부

라고 한다.

양자 컴퓨터 개발은 물리학자 리처드 파인만이 제안한 이후 아직까지는 초기 단계로서 이론적 가능성의 확립과 시제품의 실험 제작을 모색하는 정도이다.

하는 양자역학의 원리를 이용한 '양자 컴퓨터'의 가능성이 제기되고 있습니다. 엄청난 연산 능력을 갖추게 될 양자 컴퓨터는 지금까지 알려진 모든 암호화 기술을 한순간에 초토화시킬 수 있을 것으로 예상됩니다. 물론 무한한 능력을 가진 우리 인간은 그런 기술의 개발에 성공할 것이고, 그런 기술에 걸맞은 새로운 암호화 기술도 또다시 개발될 것이지만요. 그러면 또 어떤 사회 문제가 새로 불거질 것인지. 그래서 우리의 삶은 끊임없는 도전의 연속일 수밖에 없는 것일지도 모르겠네요. 여러분들이 계속 도전해 주시기 바랍니다.

1. 암호학

컴퓨터의 보급과 정보 통신 기술의 발전으로 정보 시스템을 통한 정보의 처리 · 축적 · 전달이 일반화됨에 따라, 정보 시스템 내에서의 정보 보호와 통신 상태의 정보 보호 및 사용자의 합법성 확인을 위한 방법이다. 현재 암호학은 수리 과학의 한 분야로 발전하고 있다.

2. 시스템 보안 수단

■패스워드

시스템에 접근하려고 하는 사람에 대해 일정한 단어 또는 기호나 번호를 입력하게 하여 그가 정당한 접근 권한이 있는 사람인지를 확인하는 방법이다. 일반적으로 가장 많이 사용된다.

■생물측정학적 방법

지문이나 망막 · 홍채 · 손금 · 목소리 등과 같은 개인의 생물학적 특성을 이용하여 그 동일성이 확인되는 사람에 대해서만 시스템으로의 접근을 허용하는 방법이다.

■방화벽

외부의 공격으로부터 시스템을 보호하도록 특별히 고안된 접근 통제 방법으로, 들어오고 나가는 모든 통신을 통제한다. 네트워크 외부와의 통신은 방화벽을 통해 이루어지고, 외부로부터 내부 네트워크와의 통신도 방화벽을 통해 이루어진다.

베르나르 베르베르의 《개미》

개미들의 언어

페로몬

팡, 팡, 팡, 비상! 비상!
온 도시가 공포의 도가니로 변한다. 물웅덩이에 빠진 개미들마저
다른 개미들에게 위험을 알리려고 물속의 바닥을 두드린다. 마치
혈관 속의 피가 혈관벽을 두드리듯이 요동치고 있다. 도시의 심장
이 두근거린다. 커다란 빗방울들이 지붕을 뚫고 들어오는 소리가
널리 퍼진다. 폭, 폭, 폭. 3단계 경보 페로몬이 퍼져나간다. 가장
위급한 상황이다. 흥분한 몇몇 일개미들이 사방으로 달려간다. 팽
팽히 긴장된 그들의 더듬이에서 뜻 모를 울부짖음이 담긴 페로몬
들이 쏟아져 나온다. 흥분을 억제하지 못하고, 그들 중의 몇몇은
동료들에게 달려들어 상처를 내기도 한다. 불개미들에게 가장 강
력한 경보 페로몬은 뒤프르 씨 샘에서 발산되는 물질이다. N-데
칸이라 불리는, 휘발성이 강한 탄화수소의 하나로서 화학식은
C10H22이다. 그 페로몬의 냄새는 겨울잠을 자고 있는 유모 개미
를 사나운 미치광이로 만들 수 있을 만큼 아주 진하다.

《개미》 중

베르나르 베르베르, LGF, 1991

물 이 넘쳐 개미집으로 들어오는 상황에서 벨로캉의 개
미들은 야단이 났을 것입니다. 개미집으로 물이 넘
치게 되면 개미는 모두 익사할 게 뻔하니까요. 더구나 지하

깊은 곳의 개미집 각 방에 저장된 알과 비축된 식량, 가장 중요한 여왕개미의 안전 때문에 개미들은 넘치는 물을 막고 방으로 들어오는 물길을 돌리기 위해, 언덕을 높이고 입구를 막는 등 생존을 위해 처절한 전투를 벌일 것입니다.

생물이 살아가는 데 없어서는 안 될 물은, 성이 나면 매우 무섭습니다. 개미들은 물이 무섭고 싫을 것입니다. 물은 사람에게도 마찬가지로 작용됩니다. '불 지난 곳에는 재라도 남지만 물이 지난 곳에는 아무것도 남지 않는다.'라는 속담이 있잖아요.

개미는 물이 들 만한 곳에 집을 짓지 않는다

우리 선조들은 개미의 집 짓는 위치를 보고 그해 비의 양을 예측했다고 합니다. 개미집을 높은 곳에 지으면 그해 장마로 비가 많이 올 것이라고 믿었습니다.

동물들에겐 본능적으로 천재지변을 알아차리는 예지 능력이 있나 봅니다. 2004년 남아시아에 쓰나미가 발생했을 때 표범이나 코끼리 등의 야생 동물들의 피해는 전혀 없었다고 합니다. 희생자들의 시신을 수습하는 과정에서 야생 동물들의 시체는 하나도 없었다고 알려졌습니다. 쓰나미가 오기 전에 야생 동물들은 모두 안전한 곳으로 이동하였다는 것이지요.

지진이나 화산 활동이 있기 전에 야생동물은 안전한 곳으로 이동하는 것으로 알려져 있습니다. 지진이 잦은 일본에서는 메기의 활동으로 지진을 예측하기 위한 연구를 한다고 합니다.

쓰나미 지진 해일

해저 지진에 의해 해저가 융기하거나 침강하여 해수면이 변화를 일으켜 발생한 해파를 지진 해일이라 한다. 지진 해일은 특히 일본에서 자주 발생하여, 지진 해일을 의미하는 일본 말인 쓰나미가 공식 용어로 사용되고 있다.

쓰나미를 미리 감지한 동물들

2004년 12월에 아시아 남부에 큰 쓰나미(지진 해일)가 발생하여 지역 주민들이 큰 피해를 입었다. 특히 스리랑카의 남동부의 얄라 지역에는 내륙 3 km 지점까지 해일이 밀려와 200여 명의 사람이 숨지는 등 피해가 극심했다.

그런데 스리랑카 최대의 야생 동물 보호지역인 '얄라 국립공원'에서 서식하던 표범, 코끼리, 원숭이 등 수많은 동물들은 한 마리도 죽은 채 발견되지 않았는데, 공원 관계자들은 "지진을 미리 감지하고 고지대로 대피한 것 같다"고 말했다.

동물들이 지진이나 기후 변화를 미리 감지하는 능력을 가졌다는 것은 이미 널리 알려져 있다.

1970년대 독일 과학자 헬무트 트리부치는 유럽, 중국, 일본, 미국 등에서 178마리의 동물들이 지진 전에 보였던 특이한 행동들을 모아서 발표했다. 이에 따르면 지진이 나기 전 가축들은 우리를 뛰쳐나가려 하며 반대 방향으로 움직이기를 거부한다.

또 새의 무리가 갑자기 원을 그리며 날고 호랑이와 같은 사나운 동물들은 유순하게 행동한다. 겨울잠을 자던 뱀과 곰 등이 밖으로 나오고 깊은 바다의 물고기들이 표면에 떠오르기도 한다.

스리랑카 해안 지진해일

트리부치는 동물들이 이런 행동을 보일 수 있는 이유는 밝히지 않았지만, 이후 연구들은 동물의 예민한 감각이 미세한 진동이나 전자파, 중력의 변화 등을 감지하기 때문인 것으로 설명하고 있다.

2003년 일본 오사카대학 연구팀은 지진 전에 쥐가 마구 돌아다니거나 얼굴을 긁는 등의 행동을 보이는 것은, 지진 때 관측되는 전자 펄스(박동)를 몸으로 느끼기 때문이라는 점을 실험으로 증명했다. 또 메기는 지진 전 지각이 서서히 무너질 때 발생하는 전자파를 포착하는 것으로 알려졌으며, 물고기들이 폭풍 전 수면 위로 올라오는 것은 부레가 기압 변화를 민감하게 느끼기 때문이라고 한다.

과학자들은 이같은 동물들의 능력을 지진, 기후 예측에 이용하는 방법을 연구하고 있다. 실제로 중국에서는 1969년 톈진 시의 지진 때 동물들의 이상 행동으로 지진을 정확히 예측했으며, 1975년 하이청에서의 지진 때는 이를 보고받은 관청이 100만 명 이상의 주민을 대피시켜 피해를 최소화했다.

개미가 물을 무서워하는 이유는 따로 있다

장마철이 되면 개미들에겐 가장 힘든 시기가 될 것입니다. 집으로 물이 넘치는 것 외에도 개미들은 의사소통을 할 수 없을 것입니다.

왜냐하면 개미들은 우리들처럼 말로 의사소통을 하는 것이 아니라 냄새를 풍기는 화학 물질인 페로몬으로 하기 때문이지요. 한 마리 개미가 특정한 페로몬을 뿜으면 더듬이로 그 냄새를 맡아 서로 정보를 교환하는 것입니다. 화학 물질인 페로몬은 일종의 냄새이고, 이 냄새를 더듬이로 맡아 서로 정보를 교환합니다. 더듬이가 비에 젖으면 냄새를 맡지 못하게 되니 장님 신세가 되는 것이지요. 더구나 개미의 겹눈의 성능은 그리 좋지 않거든요.

개미들의 의사소통 수단인 페로몬

개미들은 더듬이를 이루는 열한 개의 마디에서 페로몬을 발하여 의사소통을 합니다.

페로몬이란, 몸 밖으로 나가서 공중을 떠돌다가 몸으로 들어가는 일종의 호르몬입니다. 한 개미가 어떤 감정을 느껴 그것을 몸 밖으로 발산하면, 주위의 다른 모든 개미들은 그 개미와 동시에 그 감정을 느끼게 됩니다.

더듬이의 열한 마디는 각각 다른 냄새를 발하며, 그것은 마치 저마다 고유의 파장을 지니고 열한 개의 입이 동시에

말하는 것과 같습니다. 또한 더듬이의 열한 마디는 귀의 구
실도 하므로, 개미들이 대화할 때에는 양쪽이 열한 개의 입
으로 말하고 열한 개의 귀로 듣고 있는 셈이 됩니다. 사람보
다 훨씬 효율적인 것 같지요. 개미들 중에는 소리로 의사소
통을 하는 것도 있답니다.

페로몬의 종류와 기능

개미 등의 곤충은 집단의 사회생활에 필요한 각종 정보
를 페로몬을 통해 주고받습니다. 알에서 깨어나 계급의 분화
나 유지에 관여하는 계급 페로몬, 길안내 페로몬, 위험신호
전달 등의 경보 페로몬, 고도의 합동작전 수행을 위한 페로
몬 등, 이십여 가지 이상이라고 합니다.

▌계급 페로몬

꿀벌이나 흰개미와 같은 사회성 곤충에서, 여왕·일벌
(일개미)·병정개미 등의 계급 분화나 유지에 관여하는 페로
몬입니다. 여왕개미가 분비하는 여왕분화저해 페로몬은 어
린 암캐미의 난소 발육을 억제하여 일개미로 성장하게 한답
니다.

꿀벌에서도 마찬가지로 여왕을 핥은 일벌로부터 입을 통
하여 여왕물질이 무리 전체로 전달되어 여왕의 존재가 인식
되고 무리의 사회 질서가 유지됩니다.

그러다 여왕벌이 죽으면 여왕물질이 없어지고 무리는 새
로운 여왕벌을 키우기 시작하지요. 그러나 여왕벌이 될 유충

벌들의 분가
여왕벌이 붙은 곳을 일벌들이 완전히
둘러싸 큰 덩어리 모양을 이룬다.

이 없으면 일벌의 난소가 발달하기 시작하여 생식 기능을 가지기도 한답니다.

▌경보 페로몬

같은 무리에게 위험을 알리는 페로몬입니다. 경보 페로몬은 동료들에게 위험을 예고하여 집단이 경계심을 갖도록 합니다. 그리고 경계심을 갖게 된 곤충들을, 위험을 일으키는 문제의 근원을 찾아내도록 분주하게 돌아다니게 합니다. 그러다가 문제 근원을 발견하면 낯선 목표물을 물도록 자극하고, 목표물에 대한 공격을 하도록 강화시킨답니다. 개미들이 다른 개미 집단의 공격을 받았을 때 이런 경보 페로몬이 대량으로 발사될 것입니다.

▌성 페로몬

곤충이나 포유류에서 상대방의 성적 자극을 유도하거나 끌리게 하는 것이 성 페로몬입니다.

누에나방의 성 페로몬인 봄비콜과 집시나방의 성 페로몬인 지플러 등이 있습니다. 아주 적은 양의 봄비콜을 수나방 근처에 흘려주면 수컷은 마치 옆에 암컷이 있는 것처럼 날개를 흔들면서 교미 자세를 취한답니다. 또한 지플러는 유인 효과가 매우 강렬해서 1~4.5km 떨어진 수컷까지 유인하는 힘이 있습니다.

짝짓기를 위해 암컷 나방이 수컷을 유인하는 능력이 대단하지요. 사람들이 향수 등을 사용하는 것도 이와 비슷한 행동이 아닐까요?

성 페로몬을 이용한 살충 작전

성 페로몬 트랩

나방의 유충인 애벌레는 농작물이나 과수원의 나뭇잎을 갉아먹어 농가에 심각한 피해를 입힌다. 그렇다고 유충을 잡기 위해 많은 살충제를 뿌리게 되면 유익한 곤충도 함께 죽고 심각한 환경오염도 발생하는 등 부작용이 크다. 그래서 요즈음은 살충제 대신에 성 페로몬을 사용하여 해충을 방제하는 연구가 많이 진행되고 있다.

인공적으로 합성한 성 페로몬을 과수원에 설치한 방출기에 넣고 서서히 방출시키면, 수컷 나방이 암 나방이 있는 줄 알고 페로몬 방출기 주위로 몰려들게 되고, 또 이 냄새 때문에 진짜 암컷 나방이 발하는 페로몬을 잘 알아채지 못하게 된다. 결국 수컷 나방은 암컷 나방을 찾지 못해 교미 기회가 줄어들고, 이 때문에 번식률이 떨어지게 되는 것이다.

이와 같은 해충 구제 방법을 성 페로몬 트랩이라고 한다. 성 페로몬 트랩은 다른 생물에 해를 비교적 적게 끼치므로 많은 연구가 이루어지고 있다. 벼의 해충인 혹명나방이나 감자 농사에 해를 입히는 콜로라도감자잎벌레에 대한 성 페로몬 트랩은 실제로 사용되고 있다.

▌길안내 페로몬

먹이를 찾기 위해 집터를 나설 때 개미의 배 아래에서 계속 방출되는 길안내 페로몬은 다른 개미들에게 이동 경로를 알려주고, 되돌아오는 길도 찾게 해주는 페로몬입니다. 이것은 방출량이 많고 휘발성이 약해 그 효과가 비교적 오래 지속됩니다.

파브르의 곤충기에 보면 이 길잡이 페로몬을 교란시키는 재미있는 장면이 나옵니다. 개미가 지나간 길을 따라가면서 군데군데 빗자루로 흙을 쓸어내고 흙을 덮어 개미가 지나간 길을 끊어 놓고 관찰하는 것이지요.

"나는 루시에게 비를 가져오게 해서 개미가 지나간 길을 쓸어내고 그 위에 새 흙을 깔아놓았습니다. 만약 많은 사람들이 믿고 있는 것처럼 개미가 냄새를 맡아 길을 찾는다면, 이제 병정개미는 길을 잃고 헤매게 될 것입니다. 나는 1백 미터나 되는 길을 모두 쓸어내지는 않았습니다. 4미터 간격으로 군데군데 길을 끊어 놓았습니다. 제각기 애벌레를 물고 집으로 돌아가던 병정개미들은 내가 끊어 놓은 첫 토막길에 도착했습니다. 선두에 섰던 개미가 당황하여 어쩔 줄을 몰라 했습니다. 뒷걸음질을 쳤다가 옆으로 나가 보기도 하고 다시 제 길로 와서는 쩔쩔맸습니다. 선두가 갈 길을 찾지 못하고 헤매는 사이에 뒤에 따라오던 개미들이 밀어닥쳐 길이 끊긴 일대는 대혼잡을 이루었습니다. 한참 동안 우왕좌왕하던 선두개미는 용감하게 내가 새로 깔아놓은 흙 위로 올라갔습니다. 행렬은 다시 질서 있게 한 줄로 연결되었습니다. 병정개미들은 토막길이 나올 때마다 이와 똑같은 혼잡을 이루었지만, 결국 어려운 고비를 극복하고 루시가 표시해 놓은 흰 돌을 따라 제 집으로 돌아갔습니다.

앙리 파브르의 《파브르 곤충기》 중

소설 속에 과학이 쏙쏙!!

개미들은 끊어진 길에서 길잡이 페로몬을 찾지 못해 무척 당황했을 것입니다. 이 길잡이 페로몬을 둥근 원으로 발라놓고 개미를 그 위에 올려 두면 개미는 계속 이 원을 따라 돌다가 결국 벗어나지 못하고 죽게 됩니다. 개미와 같이 뇌가 작은 동물은 냄새와 맛에 관한 다량의 정보를 처리해야 하는 부담 때문에, 단순하고 엄격한 규칙에 따라 많은 자극들을 무시하고 이미 결정된 화학물질에만 거의 자동적으로 반응한답니다.

▮ 집합 페로몬

이 페로몬은 집 안이나 가까운 곳의 동료를 대량으로 모이게 합니다. 휘발성이 강해 20cm 거리에서 100초 후에는 완전히 없어집니다. 먹이가 있어 이 페로몬을 방출하면 개미들이 모여들어 먹이를 먹고, 먹이가 남아 있을 때는 돌아갈 때 계속 방출하므로 계속 모이게 되지요. 그러다가 먹이가 없어지면 먹이를 먹지 못한 일개미는 더 이상 방출하지 않고 돌아가므로 더 이상 모이지 않는답니다.

사람도 페로몬으로 정보를 주고받을까?

페로몬은 코로 냄새를 맡는 후각이 발달한 포유류에게서도 중요한 구실을 합니다. 대부분의 포유류는 몸에 페로몬 분비샘이 있고, 그 분비물을 보통은 세력권(텃세권)의 표지에 사용합니다.

예를 들어 코끼리는 머리에, 사슴류는 눈 밑에, 캥거루는 가슴부에 이런 종류의 분비샘을 가지고 있습니다. 구멍토끼는 자기 무리의 개체에 오줌을 서로 묻혀 표지하고, 냄새로 다른 무리의 개체를 구별하여 공격합니다. 또한 족제비 등은 항문에서 분비되는 냄새가 묻은 똥 무더기로 텃세권을 표지하기도 합니다.

일반적으로 코 안 위쪽에 냄새를 맡는 신경세포가 모여 있어 냄새를 맡게 됩니다. 이 부위에서는 냄새를 맡지만 페로몬에는 전혀 반응하지 않는 것으로 알려져 있습니다.

페로몬의 신호는 '성적인 코'라고 불리는 서골비 기관이 담당합니다. 동물은 페로몬을 분비하거나 감지함으로써 무의식적으로 성적 신호를 주고받고, 그 결과 생리적인 행동 변화를 일으킵니다.

사람의 경우 페로몬을 감각하는 서골비 기관이 퇴화된 것으로 보이기 때문에 페로몬을 통한 의사소통은 불가능하다고 알려져 왔습니다.

많은 해부학자들이 사람들의 코에서 서골비 기관을 찾으려고 시도했지만 아직까지 찾지 못하고 있지요. 그러나 페로

여기서 잠깐!
서골비 기관

서골비 기관은 동물의 콧속 위쪽에 위치한 한 쌍의 움푹 패인 곳으로 양서류, 파충류, 대부분의 포유류에서 발견되는 기관이다.
미국 컬럼비아대학교의 리처드 액셀 연구팀은 쥐의 서골비 기관에 있는 페로몬 수용체 유전자를 발견했으

며, 이 연구가 인간의 서골비 기관에도 페로몬 수용체가 있음을 강력하게 시사한다고 주장했다.
또한 일반적인 냄새 정보는 후각상피를 통해 의식의 영역인 대뇌 후각피질로 보내지고, 페로몬 정보는 서골비 기관을 통해 성적 흥분과 공격성 등 본능과 감정을 조절하는 무의식의 영역으로 보내진다는 것도 밝혔다.
서골비 기관이 제거된 쥐는 더 이상 짝짓기를 하지 못하고 암컷의 자궁도 퇴화한다는 실험 결과가 이를 증명한다.

몬이 존재하지 않으면 설명하기 어려운 실험 결과가 많습니다.

즉, 기숙사에서 함께 지내는 여학생들의 월경 주기가 같아지는 현상이나 소위 '페로몬 향수'가 짜증이나 우울증 같은 월경전증후군을 완화시킨 사례가 꾸준히 발표되고 있답니다. 우리들이 알지 못하는 기관에서 페로몬을 감지하는 것인지도 모릅니다. 동물들의 성페로몬을 본떠 이성을 쉽게 유혹한다는 향수 페로몬이 팔리고 있는데, 효과는 글쎄요…….

여기서 잠깐!

제6의 감각 기관이 존재할까?

페로몬은 일반적인 냄새와 전혀 다른 경로를 거쳐 인지되기 때문에 사람들은 그 존재를 전혀 의식하지 못한다.

그런데 〈네이처 지네틱스〉라는 과학 잡지에 사람의 유전자 중에서 페로몬 수용체에 해당하는 유전자를 찾았다는 연구 결과가 발표된 적이 있다. 미국의 피터 몸베르트 교수팀이 쥐의 게놈과 사람의 게놈을 비교, 분석하여 사람의 게놈에서도 쥐의 페로몬 수용체 유전자와 비슷한 유전자를 발견한 것이다. 연구팀은 이들 유전자 중 일부는 실제로 사람의 코 안에 있는 후각 상피세포와 깊은 관련이 있음을 확인하기도 했다.

만약에 사람의 코에서 서골비 기관의 존재가 확실히

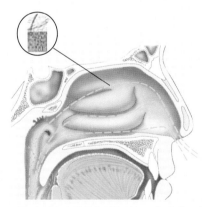

서골비 기관이 위치해 있을 것으로 추정되는 사람의 후각 상피 세포 일부

입증된다면, 사람에게는 시각 · 촉각 · 후각 · 미각 · 청각에 이어 제6의 감각 기관이 생기는 것이다.

1. 페로몬(pheromone)

같은 동물 종(種) 사이의 의사소통에 사용되는 체외분비성 물질로 어떤 개체가 몸 밖으로 분비하여, 같은 종의 다른 개체에 영향을 미친다.

2. 페로몬의 종류

- 계급 페로몬 : 꿀벌이나 흰개미와 같은 사회성 곤충에서, 여왕·왕·일벌(일개미) 등 계급의 분화나 유지에 관여하는 페로몬
- 경보 페로몬 : 집단을 보호하기 위해 분비하는 페로몬
- 성 페로몬 : 짝짓기를 위해 분비하는 페로몬
- 집합 페로몬 : 다른 개체들을 불러 모으는 페로몬
- 길안내 페로몬 : 집으로 돌아오는 길잡이가 되는, 길을 가면서 묻히는 페로몬

3. 페로몬의 응용

- 성 페로몬 트랩 : 유해 곤충의 교미 기회를 혼란스럽게 만들어 번식률을 감소시킨다.
- 페로몬 향수 : 이성에게 호감을 갖게 하는 향수

김진명의 《무궁화꽃이 피었습니다》

숨겨진 플루토늄을 찾아라

핵무기의 비밀

"지금 우리나라에는 핵무기를 제조할 수 있는 고순도의 플루토늄이 팔십 킬로그램이나 들어와 있습니다. 이것은 십삼 년 전 박정희 대통령과 세계적 물리학자인 이용후 박사가 인도로부터 극비리에 사들인 것으로서 이 두 분밖에는 아무도 그 존재를 모르고 있습니다. 대통령과 이 박사는 이 플루토늄을 이용하여 핵무기를 만들어 1980년 8월 15일 지하 핵실험을 하려고 했었습니다."

《무궁화꽃이 피었습니다》 중

한국이 낳은 천재 물리학자 이용후. 노벨상의 명예와 보장된 영화를 버리고 조국의 핵 개발을 이루려다 조국에서 의문의 죽음을 당합니다. 잇따른 박정희 대통령의 죽음. 두 사람의 죽음과 함께 영원히 묻혀버린 플루토늄과 그것을 찾으려는 미국의 음모. 십 년이 지나 이 사건은, 한 기자의 끈질긴 추적에 의해 마침내 그 전모가 밝혀지게 됩니다.

그 음모가 밝혀진 수년 후 일본의 독도 점거를 시작으로 한국에 대한 공습과 전쟁…… 최신예 항공기와 조기 경보체

김진명

1957~
부산 출신의 한국 현대 작가. 당대
한국의 현실을 문제 삼아 역사 인식
을 고취시키는 작품을 많이 써왔다.
작품으로는 《가즈오의 나라》, 《하늘
이여 땅이여》, 《한반도》, 《코리아닷
컴》 등이 있다.

제로 무장한 일본의 공격과 공습에 일방적으로 당하던 한국
의 대응은 "무궁화꽃이 피었습니다!". 일본의 첨단 경보체
제와 요격 체제를 뚫고 유유히 일본 본토를 향해 날아가는
한국의 최신예 핵무기. 전쟁은 일본의 항복으로 대단원의 막
을 내리게 됩니다.

소설은 통쾌한 결말을 맞지만 북한의 핵보유 선언으로
위기에 휩싸이고 있는 우리 한반도의 현실을 다시 생각하게
합니다. 핵이란 무엇인지 이 소설에서 숨겨진 유산이었던,
핵무기의 원료인 플루토늄에 대해 알아봅시다.

핵폭탄의 위력

흔히 핵폭탄의 원료로 우라늄과 플루토늄이 잘 알려져
있습니다. 우라늄과 플루토늄은 핵폭탄(핵폭탄은 원자의 중심
에 있는 핵이 분열하면서 내는 에너지로 폭탄이 된다. 따라서
원자 폭탄이라고도 한다.)의 원료로, 또는 원자력 발
전의 원료로 사용됩니다.

2차 세계대전의 끝 무렵인 1945년 8월 6일
일본의 히로시마에 우라늄으로 만든 원자 폭탄이,
8월 9일에 나가사키에는 플루토늄 원자 폭탄이 투
하되어 일본에게 결정적인 타격을 입혔던 일이 있
습니다.

이 폭탄으로 일본은 항복을 했고, 2차 세계 대전
을 앞당겨 끝내게 되었습니다. 그러나 미국의 핵폭탄 개발
은 다른 나라의 핵폭탄 개발을 촉진하였고, 그 후 여러 강대

원자 폭탄에 사용한 원료		히로시마	나가사키
		우라늄 235	플루토늄 239
피해 규모	사망자	70,000명	20,000명
	부상자	130,000명	50,000명
	이재민	100,000명	100,000명
	건물과 집 전파	62,000호	20,000호
	건물과 집 반파	10,000호	25,000호

일본에 투하된 우라늄탄
1945년 일본의 히로시마에 투하된 우라늄탄은 우라늄 50kg으로 만들어졌다.

국들은 핵폭탄을 가지게 되었습니다.

1949년 9월 24일에는 소련에서도 원자 폭탄을 보유하고 있음이 발표되었고, 1952년 10월 3일에는 영국이 몬터벨로 군도에서 원폭 실험에 성공하였고, 1960년 2월 13일에는 프랑스가 사하라 사막에서 실험에 성공하였습니다. 뒤이어 중국, 인도 등에서도 원자 폭탄을 보유하게 되었답니다. 이외에도 이스라엘, 파키스탄, 남아프리카 공화국 등이 핵무기를 가지고 있고, 브라질은 핵무기 제조 능력이 있는 나라로 파악되고 있습니다. 이란과 북한도 핵무기를 보유하고 있다는 의심을 받고 있습니다.

아인슈타인과 원자 폭탄

원자 폭탄은 원자가 분열하면서 내어놓는 막대한 에너지를 이용합니다. 원자 폭탄의 가능성은 1905년 아인슈타인의 유명한 특수 상대성 이론에서 제시되었고, 이를 오펜하이머와 페르미 등이 폭탄으로 완성한 것입니다.

아인슈타인 Albert Einstein

1879. 3. 14~1955. 4. 18
미국의 이론물리학자. 1905년 베른 특허국 기사로 있으면서 특수 상대성 원리와 브라운 운동, 빛의 운동 연구 논문 발표로 유명해졌다. 이후 본격적인 물리학 연구에 전념하여 1921년 노벨 물리학상을 받았으며, 세계적인 물리학자가 되었다. 유태인이라는 이유 때문에 독일 나치스에 쫓겨 미국으로 망명하였으며, 세계 평화 운동에 참여하였다.

1905년 아인슈타인이 발표한 특수 상대성 이론에서 질량과 에너지 사이의 관계식은 다음과 같습니다.

$$E = mc^2$$

E : 에너지 / m : 질량 / c : 빛의 속도(3.0×10^8m/s)

만약 1g의 질량(여기서의 질량은 핵이 분열할 때, 소비되는 질량을 말한다. 예를 들어 우라늄을 사용한다면 우라늄 물질 자체의 질량이 아니라, 우라늄의 원자 핵이 분열할 때 소비되는 질량을 말하는 것이다.)이 모두 에너지로 바뀌었다고 하면 에너지의 양은 9×10^{20}erg라는 막대한 양이 됩니다. 이것은 전력 2500만 KW, 석탄 3,000 톤의 발열량, TNT 2만 톤의 양과 같습니다.

이러한 사실을 누구보다도 잘 알고 있었던 아인슈타인은 원자 폭탄의 개발과 폭탄 투하로 인한 재앙을 불러올 수 있는 자신의 연구에 대해 매우 우려하고 걱정했다고 합니다. 그러나 일부 정치인들과 군인들에 의해 핵폭탄이 개발되고,

여기서 잠깐!

아인슈타인과 원자 폭탄

아인슈타인은 독일에서 태어나 유럽과 미국에서 활동한 물리학자이다. 1905년 특수 상대성 이론을 발표하면서, '질량과 에너지는 같다'라는 사실을 밝혀내, 원자핵분열의 기초를 제공하였다.

1916년에는 중력이, 뉴턴이 이야기했던 힘이 아니라 질량의 존재에 의해 공간이 휘어져 발생한다는 일반 상대성 이론을 발표하여, 인류 최고의 과학자로 인정받았다.

1921년 광전자 효과로 노벨 물리학상을 받았다. 그러나 당시 히틀러가 정권을 잡고, 유태인들을 박해하자 1933년 미국으로 이주하였다.

독일이 먼저 원자 폭탄을 만들까 걱정하여 미국에서 먼저 조치를 취하도록 당시 미국의 대통령 루스벨트에게 건의하였고, 그 결과 맨해튼 계획에 의해 원자 폭탄이 만들어졌다. 자신이 제안하여 만든 원자 폭탄이 일본에 투하된 것을 보고 아인슈타인은 전쟁 없는 세계를 건설하고자 많은 노력을 기울였으나 큰 성과를 얻을 수 없었다. 아인슈타인은 평화와 자유를 지지하는 평화주의자였으나, 결국 그의 이론은 원자 폭탄과 수소 폭탄을 제조하는 기반을 제공하였다.

실제로 일본에 투하되어 수많은 사람들의 생명을 앗아가자 아인슈타인은 핵폭탄 사용의 금지를 요구하는 운동을 제창했고, 죽을 때까지 이 운동을 했다고 합니다.

원자 폭탄의 원리

원자 폭탄은 방사성 물질인 우라늄(U)이나 플루토늄(Pu) 등의 급격한 핵분열 반응을 이용합니다. 우라늄이나 플루토늄 등의 방사성 물질은 자연 상태에서는 방사선을 방출하면서 다른 물질로 서서히 변해가지만, 이들을 급격하게 반응시키면 막대한 에너지를 발생합니다.

핵분열이 일어난 후, 분열 부산물의 질량과 중성자의 질량을 합하면 원래의 우라늄의 질량보다 작습니다.

분열 전의 질량 > 분열 후의 질량

이 작은 차의 질량 부족분은 아인슈타인의 공식 $E = mc^2$ 에 의해 엄청난 에너지를 생산합니다.

방사선이 방출되면서 질량이 줄어들고 줄어든 질량만큼, 즉 아인슈타인이 발표한 $E = mc^2$만큼의 에너지가 발생하는 것이지요. 한 개의 우라늄 원자핵이 중성자에 의해 분열하면 $2 \times 10^8 \text{eV}$의 에너지를 냅니다. 한 개의 TNT 분자가 30eV의 에너지를 내는 것과 비교하면 6,660,000배에 달하는 엄청나게 큰 양이죠.

자연 상태에서 방사성 물질의 붕괴는 워낙 서서히 일어나기 때문에 그 에너지의 양은 워낙 작아서 걱정하지 않아도

☀
방사성 물질의 발견
프랑스의 베크렐(Becqeurel, A. H., 1852~1908)은 1896년 우라늄광석에서 물질을 잘 투과하고 사진 건판을 감광시키는 방사선이 나온다는 사실을 발견하였다. 그 후 1898년 퀴리 부부(Curie, P., 1859~1906, Curie, M., 1867~1934)는 우라늄에서 나오는 방사선보다 더 강력한 방사선을 내는 물질인 폴로늄과 라듐을 발견하였다.

☀
방사선
우라늄, 라듐 등의 방사성 물질은 불안정한 원소의 원자핵이 붕괴되면서 방사선을 내어놓는다. 방사선의 종류에는 α(알파)선, β(베타)선, γ(감마)선이 있다. α선은 헬륨의 원자핵으로서 (+)전하를 띠며, 투과력은 약하지만 감광 작용 등은 강하다. β선은 전자의 흐름으로 (−)전하를 띠며, 투과력은 α선보다 강하다. γ선은 전자기파로서 전기를 띠지 않으며, 투과력이 아주 강하다.

됩니다. 그러나 방사성 물질에서 나오는 방사선은 여러 가지 영향을 끼치므로 그에 대해서는 뒤에서 다시 이야기하기로 하겠습니다.

다시 원자 폭탄 이야기로 돌아가 보지요. 우라늄(U^{235})와 플루토늄(Pu^{239})과 같이 무거운 원자핵에 중성자를 흡수시키면 원자핵이 두 개로 쪼개지면서 엄청난 에너지가 발생하게 됩니다. 또한 이 원자핵 분열에 의해서 나오는 2~3개의 중성자가 다른 원자핵에 흡수되면서 핵분열을 연속적으로 일으켜 원자핵 분열이 계속 일어납니다. 이를 연쇄 반응이라 하지요. 이 연쇄반응을 서서히 일어나도록 하여 에너지를 얻는 것이 원자력 발전이고, 격렬하게 일어나도록 한 것이 원자 폭탄이랍니다.

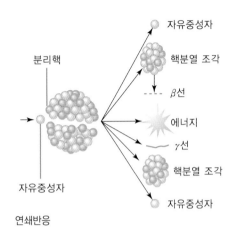

분리핵
자유중성자
자유중성자
핵분열 조각
β선
에너지
γ선
핵분열 조각
자유중성자

연쇄반응

우라늄과 플루토늄은 어떤 물질일까?

우라늄은 1789년 독일의 화학자 클라프로트에 의해 발견되었습니다. 그는 피치블렌드라는 광물 속에서 철과 비슷하면서 은백색을 띤 금속을 처음 발견하고, 그 당시에 태양계의 혹성으로 새로이 발견된 천왕성(Uranus, 우라노스)의 이름을 따서 우라늄(Uranium)이라 명명하였습니다. 이 우라늄에는 양성자와 전자의 수가 각각 92개씩 들어 있어, 원자번호는 92가 되었습니다. 양성자와 전자 외에 중성자가 143개 들어 있는 것을 우라늄 235(U^{235}), 146개 들어 있는 것을 우라늄 238(U^{238})이라 합니다.

여기서 잠깐!

원자 번호란 무엇일까?

원자는 모든 물질을 구성하는 기본 입자로 원자핵과 전자로 구성되며, 원자핵 주변을 전자가 구름 모양으로 돌고 있는 구조이다.

원자의 중심에 있는 원자핵은 (+)전하를 띠는 양성자와 전기적 특성이 없는 중성자로 구성되며, 양성자와 전자의 수는 같다. 양성자와 중성자는 무게가 거의 비슷하다.

양성자는 무게가 1.67×10^{-26}g 정도이고, 쿼크라고 하는 소립자로 구성되어 있다. 그리고 중성자는 양성자에 비해 약 1.0014배 정도 무겁다. 또한 전자는 9.12×10^{-28}g 정도로 양성자의 1/1,836 정도의 무게밖에 되지 않는다.

이때 양성자의 수를 원자 번호라 하며, 이는 화학적 성질을 결정한다. 이는 다른 물질과 화학 반응을 하는 전자의 수를 결정하기 때문이다. 양성자 수와 전자의 수는 같으며, 양성자와 중성자의 수를 합쳐 원자량 또는 질량수라 하고, 원소를 나타낼 때 오른쪽과 같이 표시한다.

질량수 양성자 수와 중성자 수의 합이 235개라는 의미

$$_{92}U^{235}$$

원자 번호 양성자 또는 전자가 92개라는 의미

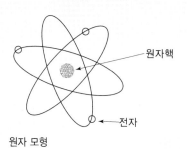

원자 모형

(원자핵, 전자)

1940년 캘리포니아 대학의 시보그와 맥밀란 교수팀은 우라늄을 이용해서 우라늄보다 양성자의 수가 한 개 더 많은 원자 번호 93의 넵투늄(Neptunium)을 만들었습니다.

이어 그들은 이 넵투늄이 어느 정도 시간이 지난 뒤 다른 물질로 변한다는 것을 알게 되었는데, 이 물질은 넵투늄보다 양자의 수가 한 개 더 많았으므로 원자 번호는 94이고 이름은 명왕성(Pluto, 플루토)에서 따서 플루토늄이라 지었답니다.

우라늄은 자연 상태에 존재하는 물질이지만, 플루토늄은

자연 상태에서 존재하지 않습니다. 이 플루토늄 역시 여러 가지 종류가 있는데, 플루토늄의 원자핵 한 개 속에 들어 있는 중성자의 수가 145개인 것은 플루토늄 239, 146개인 것은 플루토늄 240이라 합니다.

우라늄으로부터 플루토늄이 만들어진다

보통 원자력 발전소에서 타고 남은 핵연료에는 플루토늄 239가 60~67% 정도 들어 있습니다. 플루토늄 239는 원자력 발전소에서 연료로 사용한 핵연료를 특수한 설비로 재처리하여 생산하게 됩니다.

플루토늄을 얻으려면 원자로와 이를 재처리하는 시설이 있어야만 생산이 가능한 셈이지요. 또 플루토늄 240이 함께 많이 생기므로 순도 90%가 넘는 플루토늄 239를 만들 수가 없습니다. 플루토늄 239를 순도 90% 이상으로 농축하는 기술이 원자 폭탄을 만들 수 있는 기술력이 될 것입니다.

원자 폭탄의 재료로 사용하기 위해서는 우라늄과 플루토늄의 농축이 필요하다

우라늄 238은 전체 우라늄의 99.3%를 차지하고 있으며, 우라늄 235는 0.7%에 불과합니다. 이 중 중성자에 의해서 핵분열이 일어나는 것은 우라늄광 속에 조금밖에 들어 있지 않은 우라늄 235입니다. 따라서 우라늄 235를 농축하여야 연료로 사용할 수 있습니다.

원자력 발전의 종류

원자력 발전의 원리는 간단하다. 방사성 물질의 원자 핵분열이 천천히 일어나도록 하여, 이때 발생하는 에너지를 열에너지로 사용하여 물을 끓여 수증기를 발생시킨다. 그리고 수증기를 이용하여 터빈을 돌려 전기를 생산한다.

원자력 발전은 사용되는 원료와 원자 핵 분열의 속도를 조절하는 감속재와 열을 식히는 냉각재의 종류에 따라 크게 경수로형과 중수로형으로 나뉜다.

1. 경수로형

연료로 우라늄 235의 함유율이 2.5% 정도되는 저농축 우라늄을 사용하며, 냉각재와 감속재로 물(H_2O)을 사용한다.

원자로의 내부는 약 150기압 정도 압력을 높여, 원자로 안에서 물이 끓지 못하도록 하며, 고온으로 가열된 물과 열 교환을 통해 수증기가 만들어진다.

열 교환을 거친 1차 계통의 물은 다시 원자로 내로 순환되어 가열된 후 수증기 발생기로 보내지는 과정을 반복한다. 이때 발생하는 수증기가 터빈을 돌려 전기를 생산한다. 우리나라는 월성 원자력 발전소를 제외한 모든 원자력 발전소가 경수로형이다.

2. 중수로형

중수로형 원자력 발전소는 천연 우라늄을 연료로 하고 중수(D_2O)를 감속재와 냉각재로 사용한다는 점 외에 경수로형 원자력 발전소와 크게 다른 것이 없다.

물은 H_2O인데, H에 중성자가 하나 또는 둘이 더 들어 있는 물을 중수라고 한다. 중수는 중성자를 흡수하는 성질이 있어서 원자로 내의 연쇄반응을 억제한다.

중수로는 운전 중에도 연료를 교체할 수 있다는 점과 연료비가 저렴하다는 장점이 있으며, 특히 중수로형 원자로에서만 플루토늄 생성이 가능하다. 우리나라의 월성 원자력 발전소가 중수로형이다.

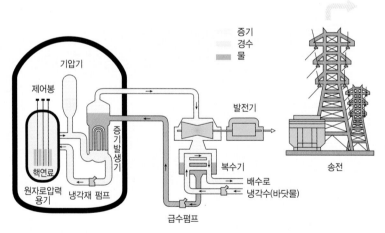

원자력 발전이 일어나는 과정

원자력 발전을 할 때 경수로형 원자력 발전소에 사용하기 위한 우라늄은 약 2~4% 정도의 농축이 필요하며, 핵무기인 원자 폭탄의 원료가 되는 것은 농축도가 90%를 넘어야 합니다. 즉, 우라늄 235의 비율이 90%를 넘어야만 원자 폭탄의 원료로 사용할 수 있는 것입니다.

그러나 원자 폭탄의 원료가 되는 90% 농축된 우라늄 235를 얻는 데는 막대한 예산이 필요하기 때문에, 우라늄으로부터 만들어지는 플루토늄을 핵무기로 이용하게 되었습니다. 플루토늄 역시 우라늄과 마찬가지로 핵무기의 원료가 되기 위해서는 플루토늄 239의 순도가 90%를 넘어야 합니다.

요즘 이 플루토늄 추출이 곧 핵무기 제조로 이어지므로 이를 규제하기 위한 국제 협약이 '핵확산금지조약(NPT)'입니다. 국제원자력기구(IAEA)는 원자로를 가지고 있는 나라의 폐연료봉에 봉인을 하여 보관해둔 곳을 24시간 카메라로 감시합니다. 또한 사용 후의 연료봉을 재처리할 때 나오는 기체인 크립톤 85(Kr^{85})의 변화량으로 플루토늄의 처리를 알 수 있습니다. 국제원자력기구는 북한의 핵 개발 징후를 이 크립톤의 농도 변화를 추적하여 핵 개발을 막으려 하고 있답니다.

원자 폭탄의 종류

순도가 90% 이상인 우라늄 235, 플루토늄 239 등의 핵분열 물질의 원자핵에 중성자를 충돌시켜 원자핵의 연쇄반응을 일으키는 상태를 임계 상태라 하고, 이러한 상태가 될 핵

원자 폭탄

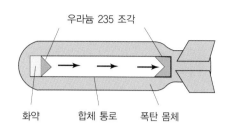

우라늄 235 조각

화약　　　합체 통로　　　폭탄 몸체

원자 폭탄의 구조

분열 물질의 양을 임계량이라고 합니다. 임계량은 분열 물질의 종류와 순도 등 기타 여러 가지 조건에 따라 달라지나, 우라늄 235와 플루토늄 239에서는 5~20kg 정도로 알려져 있습니다.

　원자 폭탄은 우라늄 235나 플루토늄 239를 용기에 넣고, 그것을 임계 상태가 되도록 한 장치, 즉 기폭 장치를 갖춘 것입니다. 핵분열이 일어나게 하는 장치, 즉 기폭 장치에는 포신형(gun type)과 내폭형(implosion type)이 있습니다.

　포신형은 원통 속에 임계량의 분열 물질을 두 개로 나누어 넣고, 화약의 힘으로 한쪽 분열 물질을 다른 쪽의 것에 합치게 하여 임계 상태가 되도록 하는 것입니다. 내폭형은 밀도가 성긴 해면체(海綿體)의 분열 물질을 중심에 두고, 주위에 폭약을 배치해 두었다가 폭약을 한꺼번에 폭발시켜 빠르게 압력을 가함으로써 임계 상태가 되도록 만든 것입니다. 포신형은 우라늄 235를 많이 사용하고, 내폭형은 플루토늄을 주로 사용합니다. 우라늄탄은 우라늄 235의 농축에 많은 비용이 들어가는 반면, 플루토늄탄은 폭약을 사용하여 비교적 쉽게 제조할 수 있습니다. 따라서 대부분의 국가들은 이 플루토늄탄을 많이 개발하고 있습니다.

원자 폭탄의 위력

원자 폭탄의 폭발은 100만분의 1초 내에 일어나고, 지속 시간은 200만분의 1초에 불과합니다. 이 짧은 순간에 막대한 에너지가 방출되므로 섭씨 수백만 도 이상의 고온이 발생하여 공기를 가열시키고, 가열된 공기는 급격히 팽창해서 뜨거운 불덩어리 폭풍을 일으킵니다. 이뿐만 아니라 이 폭풍에서 뜨거운 열복사선이 나와 화재를 일으키고, 생명체에게는 치명적인 화상을 입힙니다.

20kt의 표준 원자 폭탄의 경우, 100만분의 1초 안에 6,000만 °C, 100만분의 1.5초 후에는 5,000만 °C의 불덩어리가 되고, 불덩어리의 지름은 1m가 됩니다. 1만분의 1초 후에는 30만 °C의, 지름이 13~14m가 되는 불덩어리가 됩니다. 또한 온도 5,000만 °C가 되는 순간 폭발 압력은 수십만 기압에 이릅니다.

핵폭발 시에는 중성자에 의해 상처를 입을 뿐 아니라, 방사능 물질에 오염된 물·흙·먼지 등과 죽음의 재라고 하는 방사능 오염 물질의 낙진에 의해 넓은 지역이 방사능 물질로 오염됩니다. 핵폭발 시 발생되는 효과와 에너지의 분포는 대체로 폭풍 및 충격파 50%, 열복사선 35%, 초기 핵 방사선 5%, 잔류 방사선 10%입니다. 표준 원자 폭탄이 공중·지표면에서 폭발한 경우, 폭풍 효과에 의해서 폭발 중심으로부터

수소 폭탄

수소의 핵융합을 일으켜 나오는 에너지를 이용하는 폭탄이다. 핵융합은 네 개의 수소가 1억 °C의 고온에서 헬륨으로 변하는 반응이다. 이 과정에서 질량이 줄어들면서 막대한 에너지가 발생하는 것이다.

수소 폭탄은 원자 폭탄을 먼저 폭발시켜 섭씨 수백만 도까지의 고온을 얻어내고, 이 고온으로 LiD(중수소와 리튬의 화합물로서 액체인 물질) 속의 중수소를 핵융합시킨다. 여기서 나오는 고속의 중성자는 주변을 감싸고 있는 U^{238}을 핵분열시켜 방사선과 막대한 에너지를 발생시킨다.

1~5km 이내의 목조 건물, 300m 이내의 콘크리트 건물, 150~220m 이내의 지하 구조물이 파괴되고, 열복사선에 의해서는 2.5km 이내의 가연성 물질이 연소되거나 사람이 심한 화상을 입으며, 방사선에 의해서는 1km 이내의 모든 사람이 죽을 수 있습니다.

핵물질을 평화적으로 이용하는 방법

원자 폭탄의 끔찍한 위력은 세상을 공포에 떨게 합니다. 지금 세계가 보유하고 있는 폭탄의 양은 지구를 파괴하고도 남을 양입니다. 지금까지 일본에 투하한 것 외에 공식적으로 사용된 적은 없습니다만 제발 그런 일이 없기를 기원해야 할 것입니다.

우라늄이나 플루토늄이 농축되어 핵무기로 개발되면 위험하지만, 2~4% 정도로 농축하여 원자력 발전에 이용하면 아주 효율적인 에너지원이 됩니다. 이산화탄소 등의 지구 온난화 물질의 배출도 줄어들고, 저렴한 비용으로 에너지를 생산할 수 있지요. 우리나라도 전력의 47% 정도를 원자력으로부터 얻고 있답니다. 평화적으로 이용하면 아주 유용하지만 무기로 사용하면 인류에게 재앙을 주는 핵 과학은 과학의 양면성을 잘 보여주고 있습니다.

핵은 전기를 만들어주고 오염 물질 배출도 적어 깨끗한 에너지이지만 무기로 사용하면 큰 재앙을 가져옵니다

1. 핵폭탄의 에너지

핵분열로 질량이 감소될 때 감소된 질량이 에너지로 변환된다.

$$E = mC^2 \, [E : \text{에너지}, \quad m : \text{질량}, \quad C : \text{빛의 속도}(3.0 \times 10^8 \text{m/s})]$$

2. 원자번호

양성자의 수로서 전자의 수와 같다. 화학적 성질을 결정한다.

3. 질량수

원자핵을 구성하는 양성자 수와 중성자 수의 합

4. 우라늄

양성자가 92개, 질량수가 235인 것과 양성자 92개, 질량수 238인 두 종류의 우라늄으로 나뉜다. 우라늄 235로 핵분열시켜 핵폭탄을 만든다.

5. 플루토늄

양성자가 94개인 물질로 우라늄의 핵분열 시 얻는 물질로 핵폭탄의 원료가 된다.

6. 핵분열

우라늄이나 플루토늄에 중성자를 흡수시킬 때 원자핵이 나뉘어지며 막대한 에너지가 나온다.

7. 연쇄반응

원자핵 분열에 의해서 나오는 2~3개의 중성자가 다른 원자핵에 흡수되면서 핵분열을 연속적으로 일으켜 원자핵 분열이 계속 일어나는 현상

8. 임계량

핵물질이 연쇄반응을 일으킬 수 있는 최소량

9. 핵발전

연쇄반응이 서서히 일어나도록 조절하여 전력을 얻는 발전으로 감속재의 종류에 따라 경수로, 중수로 등으로 나눈다.

08

댄 브라운의 《다빈치 코드》

⊙ ⊙ ⊙ ⊙ ⊙ ⊙ ⊙ ⊙ ⊙ ⊙ ⊙ ⊙ ⊙ ⊙ ⊙ ⊙

● ● ● ● ● ● ●

자외선 조명에서만 글씨가 나타난다?

빛의 특성

랜던이 일어서자, 파슈는 하얀 조명기로 걸어가서 전원을 꺼버렸다. 화랑은 순식간에 어둠에 파묻혔다. 파슈의 몸이 밝은 자주색 조명 아래 어렴풋이 보였다. 그는 휴대용 조명등을 가지고 다가왔다. 자주색 빛이 안개처럼 그를 감쌌다. 자줏빛으로 눈을 빛내며 파슈가 말했다.

"알고 계실지도 모르겠지만, 경찰은 피나 다른 법정 증거를 찾기 위해 범죄 현장을 조사합니다. 이때 불가시광선 조명을 사용하죠. 이제 우리가 얼마나 놀랐는지 상상이 되실 겁니다."

파슈는 조명등으로 시체를 비추었다. 큐레이터의 시신 옆에 휘갈겨 쓴 필기체 글씨가 보라색으로 희미하게 빛나고 있었다. 자크 소니에르의 마지막 메시지는 랜던으로서는 상상할 수도 없는 내용이었다.

13 - 3 - 2 - 21 - 1 - 1 - 8 - 5
오, 드라콘의 악마여!
오, 절름발이 성인이여!

《다빈치 코드》 중

댄 브라운, RandomHouse, 2004

소설 《다빈치 코드》는 시온 수도회의 수장인 루브르 박물관 관장 소니에르의 죽음부터 시작됩니다. 소니

나의 죽음을 헛되게 하지 마래!

에르는 커다란 펠트펜을 손에 쥐고 죽어가면서 특수 조명 아래에서만 보이는 수수께끼 문장을 자신의 주검 옆에 남기지요. 하버드대학교의 기호학자인 랭던과 소니에르의 손녀 소피 느뵈는 할아버지가 남긴 상징적인 수수께끼를 경찰에 쫓기면서 하나씩 풀어가는 데……

레오나르도 다 빈치의 작품에 감춰진 충격적인 비밀이 파헤쳐집니다. "예수는 막달레나와 결혼하였고, 그 후손들이 지금도 이어지고 있다……" 이 비밀은 성배에 감춰지고, 시온 수도회는 성배를 보호하고, 이 성배를 찾기 위한 교단들 간의 암투가 벌어집니다. 과연 사실일까요?

불가시광선 조명이란 무엇일까?

불가시광선(不可視光線)이란 한자 단어 뜻에서 알 수 있듯이 우리 눈으로 볼 수 없는 광선, 즉 자외선이나 적외선 등을 말합니다. 따라서 소설 속의 불가시광선 조명이란 자외선과 적외선이 나오는 조명등을 말하는 것이지요.

물체는 온도가 높아짐에 따라 여러 가지 파장의 에너지를 가진 전자파를 내게 됩니다. 예를 들어 약 6,000°C의 열을 내는 햇빛을 파장에 따라 분석해 보면 적외선, 가시광선, 자외선 등으로 나눌 수 있습니다.

이들 광선 중에서 가시광선은 사람의 눈에 보이는 빛으로, 빨강·주황·노랑·초록·파랑·남색·보라 등입니다.

빨간색 빛은 파장이 780nm이고, 보라색은 380nm 정도로 빨간색에서 보라색으로 갈수록 파장이 짧아집니다.

또한 빨간색의 빛보다 파장이 더 긴 쪽은 적외선이라 하고, 보라색의 빛보다 파장이 더 짧은 쪽은 자외선이라고 합니다.

표면 온도가 약 100~1,000℃ 사이의 물체는 주로 적외선을 방출하고, 1,000~1만℃ 사이는 주로 가시광선을, 1만~10만℃ 사이는 주로 자외선을 방출합니다. 그리고 10만℃~1억℃ 사이는 X선이, 1억℃ 이상에선 감마선이 방출되지요.

표면 온도가 6,000℃, 코로나의 온도가 1,000만℃인 태양은 적외선, 가시광선, 자외선 영역의 빛을 모두 방출하지만, 표면 온도가 15℃로 저온의 천체인 지구는 적외선 영역의 빛만 방출합니다. 즉, 표면 온도가 낮은 천체는 적외선 영역의 빛만을 방출하지만, 표면 온도가 높아질수록 적외선에다가 가시광선, 자외선 영역의 빛을 방출하게 되는 것입니다.

자외선은 화학선, 적외선은 열선

자외선은 에너지가 커 화학 반응을 일으키므로 화학선이라 불립니다. 식당이나 병원 등에서 수저나 식기 등을 넣어 소독하는 자외선 살균 소독기 안의 형광등에서 푸르스름한 빛을 보았을 것입니다. 그 푸르스름한 빛이 자외선으로 세균 등을 죽이는 살균 기능이 있어, 인공적으로 자외선을 내는 자외선램프가 만들어졌습니다.

자외선 살균 소독기
식당에서 흔히 볼 수 있는 것으로 자외선의 살균 작용을 이용한 것이다.

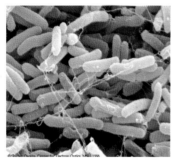
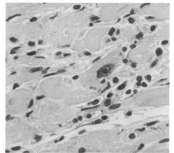
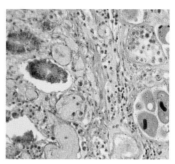

대장균   디프테리아   이질균

　　자외선 램프는 살균 소독이나 선탠, 여름에 날벌레들을 유인해서 죽이는 등 여러 용도로 쓰입니다. 특히 250 nm 부근의 파장을 가진 것은 큰 살균력을 가지고 있어서 강한 자외선을 1분간 쪼이면 대장균, 디프테리아균, 이질균 같은 것들은 99%가 죽습니다. 자외선은 햇빛에도 있기 때문에 일광 소독이 가능합니다.

　　그러나 강한 자외선을 너무 많이 쪼이면 피부 세포 내의 핵산과 단백질이 파괴되어 피부암이 발생되거나 인체의 면역 · 반응이 억제되고, 백내장, 식물의 생산력 감소, 생태계 균형 파괴 등이 유발됩니다.

　　다행히 태양에서 들어오는 대부분의 자외선은 지구 대기의 오존층이 막아주고 있기 때문에 우리들이 마음 놓고 태양의 햇빛을 받을 수 있습니다.

　　자외선의 양은 오존층 변화에 매우 민감하여 오존이 1% 감소하면 자외선은 2% 증가하고 피부암 발생률은 3% 증가합니다. 그러나 대기 오염으로 오존 구멍이 점점 넓어진다고 하니 장차 우리들은 몸을 모두 가리고 외출을 해야 할 날이 올지도 모르겠습니다.

여기서 잠깐!

오존층

넓은 의미로는 오존이 검출되는 대기권 10~
50 km 범위를 말하고, 좁은 의미로는 오존의 농
도가 높은 20~30 km의 범위를 말한다.
오존층은 대기 속의 산소 분자가 파장 240 nm
이하의 파장이 짧은 태양의 자외선을 받아 분해
되어 생긴 것이다. 오존층은 사람이나 생물에 해
로운 280 nm 이하의 강력한 자외선을 흡수하여
자외선이 지상까지 도달하는 것을 막는다. 지구
에서 생물이 무사히 생활할 수 있는 것은 오존층
의 영향이 매우 크다.

오존층의 역할과 오
존층이 파괴되었을
때 일어날 수 있는
일을 나타낸 것이다.

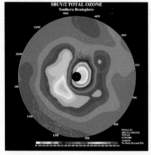

2001년 10월

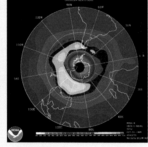

1996년 10월

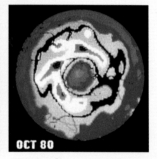

1980년 10월

남반구 오존층의 변화 자주색과 분홍색으로 나타난 지역으로 오존층의 감소가 가장 크게 나타난 지역이다.

반면에 적외선은 에너지가 작은 대신 파장이 길며, 열을
동반하므로 열선이라 불립니다. 난로 가에 앉아 있으면 따뜻
한데, 이는 열선인 적외선이 우리 몸에 닿기 때문입니다.

적외선이 나오는 적외선 전등은 붉은 빛으로 칠해진 전
구로 뜨거운 열이 주로 나옵니다. 치료용 의료 기구로 많이
개발되어 있어 적외선 등을 비추면 붉은 빛을 내면서 열이

야간 투시용 망원경 군사적인 목적으로 사용되고 있다.　　　야간 투시용 망원경으로 보았을 때의 모습

나와 피부를 자극합니다.

　적외선은 피부 깊숙이 침투하여 세포를 활성화시키는 것으로 알려져 있어 신경통이나 전립선염 등의 치료에 사용되고 있습니다. 뱀은 이 적외선을 감지하는 부위가 머리 부분에 있어 쥐나 개구리 등의 먹이를 눈으로 보지 않고도 포착할 수 있답니다. 군인들이 사용하는 야간 투시용 망원경은 물체에서 나오는 적외선을 감지하여 우리 눈에 영상으로 보이게 만든 장치이고요.

여기서 잠깐!

투시 카메라와 뱀의 적외선 탐지기

1. 야간 투시 카메라의 원리와 문제점

우리 눈은 전자기파의 특정 영역인 파장 380~770 nm(1nm는 10^{-9}m) 사이의 가시광선만을 볼 수 있다. 반면에 비디오카메라의 감광 센서(CCD)는 사람의 눈보다 넓은 영역의 파장을 빛으로 받아들인다. 그 결과

사람이 볼 수 없는 770 nm 이상의 적외선 영역을 여전히 빛으로 인식한다. 따라서 비디오카메라에 감광된 장면을 그대로 내보낸다면 실제와는 다른 색상의 영상이 나오게 된다. 이런 현상을 막기 위해 카메라 내부에는 적외선 차단 필터(ICF)가 설치된다.

현재 문제가 되고 있는 투시 카메라는 내부의 적외선 차단 필터를 없애고 렌즈 앞에 가시광선 차단 필터를 끼운 것이다. 이것으로 수영복을 입은 사람을 보면, 옷의 색을 나타내는 가시광선은 렌즈 앞에서 차단되

고 옷을 통과해 옷 밑 피부에서 반사된 적외선만 감광 센서에 잡혀 영상으로 나타난다.

영상은 흑백으로 나타나며, 다행히 옷이 몸에 착 달라붙지 않을 경우에는 제대로 보이지 않고, 따로 적외선을 비추지 않으면 투시 사진의 해상도가 좋지 않다고 한다.

2. 적외선을 이용한 뱀의 먹이 탐지 능력

뱀은 지독한 근시라서 먹이가 조금만 떨어져 있어도 알아보지 못한다. 그렇다면 뱀은 어떻게 먹이를 찾아낼 수 있을까?

뱀에게는 다른 동물에게서 볼 수 없는 훌륭한 적외선 탐지기가 있다. 적외선 탐지기는 주둥이 양쪽의 콧구멍과 눈 사이에 있는 구멍인데, 여기에는 열, 즉 적외선을 느끼는 세포가 모여 있다. 뱀은 이 구멍을 통해서 먹이가 되는 동물의 몸에서 나오는 적외선을 감지하고, 먹이의 위치를 정확하게 알아낸다.

또 뱀은 두 가닥으로 갈라진 혀를 쉴 새 없이 날름거려 공기 중이나 땅 위에 있는 미세한 냄새를 입속으로 끌어들인다. 뱀의 혀에는 다른 동물의 후각 기관에서 볼 수 있는 신경이 미로처럼 퍼져 있다. 뱀은 바로 이 신경을 통해 혀에 묻어 들어온 냄새 입자를 분석하고, 냄새의 방향을 따라가 도망치는 먹이를 쉽게 찾는다.

불가시광선 조명등 아래에서 글씨가 나타난 이유는?

살해된 박물관 관장의 시신 옆에는 아무런 글씨가 없었는데, 중앙사법경찰국장인 파슈가 불가시광선 조명등으로 빛을 비추었을 때는 어떻게 해서 그 글씨가 나타났을까요?

그것은 살해된 소니에르가 쓴 펜에 비밀이 있습니다. 소니에르는 보통 펜이 아니라 무색의 투명 형광 잉크가 든 펜으로 글을 썼습니다.

우리는 보통 사용하는 형광펜은 녹색이나 노란색 등이 많습니다. 그러나 색깔이 없는 형광펜이라면 우리의 눈으로 그냥 보아서는 보이지 않는 것이지요.

형광펜은 언뜻 생각하면 일반 색소에 형광 물질을 넣는 것이라고 생각할 수도 있지만, 그렇지 않아요. 형광펜에는 형광색소가 쓰입니다.

그렇다면 일반 색소와 형광색소의 차이는 무엇일까요? 일반 색소나 형광색소는 모두 빛을 받으면 원하는 파장의 빛을 흡수하고 나머지는 반사합니다. 그런데 일반 색소는 빛을 흡수해서 받은 에너지를 색소 분자가 진동하는 데 모두 써버리거나 주위의 다른 분자들과 충돌하면서 빼앗기고 맙니다. 그래서 일반 색소에 강한 빛을 쪼이면 색소의 온도가 올라가지요.

그런데 형광색소는 빛에서 흡수한 에너지를 다시 파장이 더 긴 빛의 형태로 방출한다는 점에서 일반 색소와 다릅니다. 분자가 에너지를 받아서 빛의 형태로 방출하는 현상을 형광이라고 하며, 일반적으로 짧은 파장의 빛을 받으면 긴 파장의 빛이 방출되게 됩니다.

아이들 방 천장에 야광 별로 별자리를 만들고 불을 끄면 수많은 별이 나타나는 것을 볼 수 있는데, 이것들은 형광물

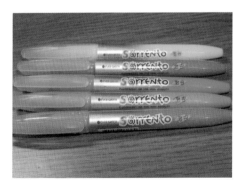

형광 물질로 만든 펜

형광 물질로 만든 야광 별

질로 인쇄된 별이지요. 그러나 시간이 지나면 축적되었던 에너지가 모두 없어지면서 더 이상 보이지 않게 됩니다. 일반적으로 형광 물질은 자외선 영역의 빛을 받을 때 쉽게 들뜨게 됩니다. 따라서 형광펜으로 쓴 글씨에 자외선을 비춰주면 더 선명한 색을 볼 수 있게 되는 것이지요.

그럼 이제 어떻게 된 일인지 알겠지요? 파슈 국장이 불을 끄고 휴대용 조명등을 비추었을 때 소니에르가 쓴 글씨가 나타난 이유를 말입니다. 파슈가 들고 온 조명등은 우리 눈에는 보이지 않는 불가시광선, 즉 자외선과 적외선을 방출하는 등이었던 것이지요. 따라서 소니에르가 형광펜으로 쓴 글씨가 자외선에 선명하게 나타나게 된 것이고요. 적외선 전등은 적외선을 받았을 때 색깔이 나타나는 물질로 쓴 경우이거나 글씨나 그림 등을 덧칠한 경우를 밝히기 위해 비추어보는 것이지요.

적외선으로 비추었을 때 글씨가 나타난다고요? 그런 경우가 있습니다. 식초나 레몬즙으로 글씨를 쓴 다음 어떻게 되는지 열을 살짝 가해 보세요. 적외선은 어떤 물질에 탄소가 많이 함유돼 있을수록 잘 흡수되는 성질이 있습니다. 탄소가 많이 포함된 잉크로 글자를 쓰고, 그 옆에 탄소가 거의 없는 잉크로 글자를 추가한 경우를 생각해 봅시다. 육안으로는 두 가지 글자가 차이가 없어 보지만 여기에 적외선을 쪼이면 추가한 글자는 적외선을 거의 투과시키기 때문에 잘 보이지 않고, 처음 글자는 적외선을 흡수하기 때문에 두 가지 종류의 글씨가 뚜렷하게 구별됩니다. 적외선은 아주 작은 덧칠이라도 쉽게 잡아낼 수 있으니까요.

무색투명 형광 잉크는 지폐나 수표의 위조 방지에
사용된다

    무색투명 형광 잉크는 원래 우주선이나 선박 등의 정밀
한 설계에 이용되었던 첨단소재였습니다. 우주선 선체의 미
세한 균열이나 틈을 찾기 위해 이 잉크를 뿌린 후 자외선을
비추면 그 틈이 보인답니다. 그러던 것이 보안 업무에 이용
되기 시작하였습니다. 즉, 수표나 화폐의 위조를 감별하기
위한 방법이었죠.

    무색투명 형광 잉크로 그린 무늬는 일반 복사기로 복사하

여기서 잠깐!

위조지폐 방지 기술

돈을 만드는 기술은 돈의 위조를 막기 위한 기술이라
고 해도 틀린 말이 아니다. 끊임없이 돈을 위조하는
위조범의 범행을 막기 위해 다양한 워터마크나 은선,
심지어 홀로그램 등을 돈에 인쇄하고 있다. 위조범은
달러나 중국의 위안 화, 우리나라의 오천 원권, 일만
원권 등 가리지 않고 위조하고 있다. 사진의 만 원권
을 보면 매우 복잡하게 위조 방지 대책을 세우고 있는
것을 알 수 있다.

화폐의 제조 과정이나 위조 방지에 대해서는 한국조폐
공사 웹사이트(www.komsep.com)에 자세히 소개되
어 있다.

돌출은화 삽입 숨은 그림 볼록인쇄 볼록인쇄 볼록인쇄 앞뒤맞춤인쇄

시변각 잉크 저작권 표시 미세 문자 부분노출은선 개선 요판잠상

앞면

앞뒤맞춤인쇄 볼록인쇄 숨은 그림 돌출은화 삽입

볼록인쇄 저작권 표시

뒷면

면 복사가 되지 않습니다. 은행에서 자외선판독기에 지폐나 수표를 갖다 대면 정상적인 것은 특별한 무늬가 나타나지만 가짜는 나타나지 않지요. 돈의 중앙 문양을 자외선 형광램프로 비추어보면 형광 고유의 색상이 나타납니다. 돈에는 위조방지를 위한 자외선 이외에도 여러 가지 장치가 들어있어요.

자외선과 형광 물질로 만든 형광등

우리 주변에서 가장 많이 사용하고 있는 형광등은 자외선과 형광물질을 이용한 것입니다.

형광등의 원리는 형광등 유리관 양쪽에 있는 필라멘트에 고압의 전기를 흘리면 열전자가 튀어나가는 현상을 이용한 것이지요. 이 전자가 유리관 내부의 수은 증기에 부딪치면서 자외선이 방출되고, 이 자외선이 형광등 내부의 유리벽에 칠해진 형광물질에 작용하여 하얗게 빛을 내게 됩니다.

형광등의 필라멘트는 2중 또는 3중 코일 필라멘트이고,

형광등

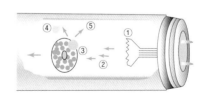

형광등의 원리

이미터를 충전한 전극 ①에서 열전자 ②가 방출된다. 수은과 아르곤 가스를 봉입한 관 속에서는 수은이 포화증기가 되어 전리된 수은원자 ③과 열전지의 충돌로 자외선 ④를 발생한다. 자외선은 형광물질 ⑤에 의해 가시광선으로 변화된다.

그 위에 고온 시 전자를 방출하기 쉬운 바륨(Ba), 스트론튬(Sr) 등의 물질이 칠해져 있으며, 이 물질의 증발을 막기 위해 아르곤 등이 들어있지요.

요즘은 스위치를 넣자마자 바로 켜지는 절전형이 많지만, 예전에는 스위치를 넣으면 처음에 스타트 전구에서 몇 번 깜빡이다가 불이 켜지는 형광등이 많았습니다. 이것은 높은 전압을 얻기 위해 스타트전구의 전자기 유도현상을 이용하여 2,000V 이상의 고압을 얻기 위한 것입니다. 좌우 전극 사이에 전자가 한번 이동하기 시작하면 그 다음부터는 아주 약한 전류에 의해서도 쉽게 전자들이 이동할 수 있습니다.

내용정리

1. 자외선

약 10~397nm에 이르는 파장으로 된 넓은 범위의 전자기파로 화학 작용이 강해 화학선이라고도 한다. 자외선은 형광 작용 등의 광화학 반응(화학선 : 365nm)과 피부에서의 비타민 D 합성(건강선 : 297nm), 살균작용(살균선 : 253.7nm), 오존 발생(O_3발생선 : 184.9nm) 등을 일으킨다.

2. 적외선

780nm 이상의 파장으로 가시광선보다 길며, 열을 내어 열선이라고도 한다. 태양이나 발열체로부터 공간으로 전달되는 복사열은 주로 적외선에 의한 것이다. 공업용이나 의료용으로 사용하기 위한 것으로, 강한 적외선을 방출하는 적외선전구가 있다.

3. 형광

빛에너지를 흡수한 형광 물질이 그 일부를 다시 빛에너지로서 복사하는 현상으로, 비추어 주는 빛보다 에너지가 적은 형광의 파장이 나온다.

모리스 르블랑의《괴도 신사 뤼팽 – 흑진주》

진주의 생성

연체동물의 특징

훌륭한 장식품 컬렉션 모두가 경매에 의해 매각 처분되고 남은 것은 단 하나 그 흑진주뿐이었다.

흑진주! 그것은 만일 그녀가 그것을 팔기를 원한다면 그것만으로도 하나의 훌륭한 재산이었다. 그러나 그녀는 그것을 팔지 않았다. 더없이 귀중한 장식품을 팔기보다는 오히려 조졸한 아파트에서 시종 하나, 여자 요리사 하나, 하인 한 사람과 긴축 생활을 하는 쪽을 택했다.

여기에는 그녀가 누구 앞에서나 공언하고 있던 이유가 있었다. 이 흑진주는 어떤 황제 폐하의 선물이었던 것이다. 그녀는 파산에 처한 어려움 속에서도 옛날 화려했던 시절의 친구에 대해서는 충실했던 것이다.

《괴도 신사 뤼팽 – 흑진주》중

양지로 백작 부인이 목숨처럼 아끼던 보석 흑진주를 훔치러 들어간 괴도 뤼팽은 백작 부인이 살해되었고, 흑진주가 도난당했음을 알게 됩니다.

다음날, 경찰은 이 사건의 용의자로 그녀의 하인 빅토르 다네그르를 지목하고 조사하였으나 증거가 불충분하여 무죄

모리스 르블랑 Maurice Leblanc
1864. 12. 11~1941. 11. 6
프랑스의 추리 소설가. 원래는 모파상의 영향을 받아 심리 소설을 썼으나 방향을 바꿔 1905년 아르센 뤼팽을 주인공으로 한 추리 소설로 세간의 관심을 끌게 되었다. 작품으로는 《괴도 신사 뤼팽》을 비롯해 《황금의 삼각》, 《무서운 사건》, 《녹색 눈의 아가씨》 등이 있다.

로 석방할 수밖에 없었지요.

그러던 어느 날, 다네그르를 찾아온 전직 경찰인 그리모당은 다네그르가 한 짓임을 눈으로 본 듯이 이야기하면서 다네그르를 심문하여 다네그르로부터 모든 범죄 사실을 자백받고 흑진주를 찾게 됩니다.

스스로 전직 경찰이라고 한 그리모당은 바로 뤼팽이었어요. 그리모당으로 변장한 뤼팽은 범행 당일 현장에서 부엌문 열쇠와 살해 흉기인 단도 등을 수거하고 벽에 묻은 지문을 확인하고 이를 모두 감추어 버린 것이지요. 다네그르가 범인임을 다 알아내고서 말입니다. 그러니 경찰이 다네그르를 무죄로 석방할 수밖에요. 사건이 마무리 된 후 뤼팽은 이 보석을 세상에 공개하여 백작부인의 한을 풀어주었습니다. 앙지로 백작 부인이 목숨처럼 아끼던 흑진주. 진주란 어떤 보석인지 알아볼까요?

진주는 건강과 장수를 상징하는 보석이다

진주는 6월의 탄생석이며 건강과 장수를 상징합니다. 진주를 분비하는 조개가 건강하지 않으면 절대로 아름다운 진주가 나올 수 없다는 데서 비롯된 것입니다. 진주는 곡선의 미를 자랑하는 보석의 여왕이며, 아침 이슬처럼 영롱한 진주는 산호와 함께 바다의 2대 보석으로 불리고 있습니다.

흑진주

다이아몬드나 루비, 수정 등은 지각의 고온·고압하에서 생성된 광물이지만 진주는 조개가 만들어냅니다. 조개는 조개 내부로 들어온 이물질을 진주층으로 둘러싸 고통스럽게 진주를 만들어냅니다. 그래서인지 로마인들은 진주를 '진주조개의 눈물'이라고 생각했으며, 고대 중국인들은 건강, 부귀, 장수를 가져다주는 행운의 보석으로 '진주조개의 감춰진 영혼'이라고 불렀답니다. 기원전 3,500년 이전부터 동양 문화권에서는 진주를 매우 귀중한 재산으로 여겼으며, 청순, 순결 및 여성적인 매력의 상징으로 높게 평가했습니다.

진주는 조개류에서 만들어진다

진주란 일반적으로 조개껍데기 속에 생긴 탄산칼슘을 주성분으로 하는 구슬 모양 또는 타원형의 광택이 나는 물질입니다. 모든 진주들은 연체동물인 조개류에서 생산됩니다.

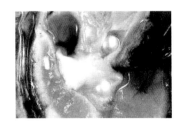
진주가 있는 조개

지구상에 알려진 10만 3천여 종의 조개 중, 진주가 생기는 조개는 약 1만 5천여 종이지만, 보석으로서 가치가 있는 진주를 생산하는 조개는 약 1천 3백여 종에 불과하다고 합니

연체동물

1. 연체동물의 특징

연체동물은 척추가 없는 무척추동물로서 몸은 연하고 외투막으로 싸여있다. 몸에 골격이 없고, 피부는 점액을 분비하며, 보통 석회질의 패각이 있는 것이 특징이다.

연체동물은 바다, 민물, 육지 등에 널리 분포하는데, 보통 물 속의 바위나 모래 그리고 진흙 바닥 등의 환경에서 잘 적응하여 산다.

2. 연체동물의 종류

연체동물은 1mm 길이의 고둥으로부터 발길이가 12m 나 되는 대왕 오징어에 이르기까지 크기가 다양하다. 연체동물은 크게 복족류 · 부족류 · 두족류로 나뉘는데, 복족류는 기어 다니는 발이 있는 연체동물로서 달팽이 · 다슬기 · 우렁이 · 소라 · 전복 등이 이에 속한다. 부족류는 도끼 모양의 발을 가진 연체동물로 대합이나 바지락 등이 있다. 또한 두족류는 발과 머리, 몸통으로 구분되는 오징어나 낙지 그리고 문어 등이 있다.

달팽이 – 복족류

바지락 – 부족류

대왕오징어 – 두족류

다. 왜냐하면 진주 특유의 혼합색과 광택을 가진 진주는 모든 조개에서 생성되는 것이 아니라, 조개껍질이 자개와 같은 색과 광택을 내는 조개류만이 가능하기 때문이지요. 진주는 이들 중에서도 특히 진주조개, 흑엽조개, 백엽조개, 펭귄조개, 전복류, 대칭이, 뻘조개 등의 쌍각류(Pinctada)에서 많이 만들어집니다.

쌍각류란 껍데기가 두 장으로 된 조개의 종류를 말하며, 두 장의 껍데기는 마치 거울에 비춘 것처럼 닮은 형태를 가

진주조개

흑엽조개

전복

지고 있습니다. 이들 쌍각류에 의해 얻어진 진주를 제일 값
진 진주로 여깁니다. 특히 여기서 만들어진 천연 진주는 오
리엔탈 진주라고 불리며, 매우 비싼 값으로 거래됩니다.

조개껍데기는 조개의 외투막에서 분비한다

연체동물에게는 외투막이 있습니다. 외투막은 내부 기관
을 싸서 보호할 뿐만 아니라 석회질의 껍데기를 분비하여 전
체를 보호하는 역할을 합니다. 조개껍데기는 이 외투막에서
분비하는 것이지요.

조개껍데기는 세 개의 층으로 되어 있는데, 밖으로부터
각질층, 능주층, 진주층으로 구분됩니다.

각질층은 조개껍데기의 바깥 부위로 콘키올린이란 단백
질이 주성분이며, 능주층은 탄산칼슘이 주성분으로
각질층과 진주층 사이의 부위입니다.

그리고 가장 안쪽의 아름다운 광택이 나는 층
이 진주층입니다. 진주층의 성분과 그 조개에서
채취된 진주의 성분은 동일합니다. 진주란 조개껍데

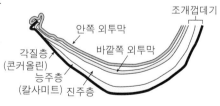
조개껍데기의 구조

기 중 진주층의 일부라고 보면 되는 거지요.

특히 진주층은 판자 모양으로 납작하고 단단한 구조로 되어 있습니다. 진주층을 현미경으로 보면 아라고나이트의 판상 결정이 수천 겹 쌓여 생긴 것을 알 수 있습니다. 단백질인 콘키올린은 진주층을 이루는 아라고나이트 결정들을 단단하게 결합해 주는 역할을 합니다.

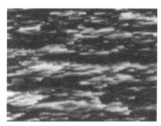  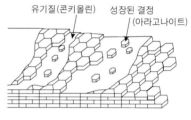

유기질(콘키올린)   성장된 결정 (아라고나이트)

진주층의 전자 현미경 사진 왼쪽은 천 배, 오른쪽은 만 배 확대한 것이다.   진주층 모식도

진주는 내부로 들어온 이물질로 만들어진다

진주가 만들어지는 과정은 조개껍질과 외투막 사이에 모래와 같은 이물질이 들어오는 것에서부터 시작됩니다. 조개는 몸속으로 들어온 이물질로부터 자신을 보호하기 위해 외투막의 세포들이 진주층으로 이물질을 감싸고, 외투막의 세포들이 분열하여 진주 주머니를 형성하여 진주층을 계속 분비합니다. 시간이 지나면서 이 진주층이 한 겹 한 겹 쌓이고, 두껍고 단단해지면서 마침내 진주가 됩니다.

자연적인 과정을 통해서 만들어진 진주는 여러 가지 모양을 띠는데, 원형에 가까울수록 고급으로 인정받습니다.

색에 있어서도 매우 다양한 종류의 진주들이 전 세계에

※ **진주의 감별**
진주는 주로 X-선과 자외선, 간섭 현상 등을 사용하여 등급을 정한다. 가짜 진주는 자외선에서 강한 형광을 발하거나 간섭 현상이 불규칙하여 빛이 나지 않는다고 한다.

흑진주 단면   골드진주 단면   실버그레이진주 단면

서 발견되는데, 특히 유명한 흑진주는 남태평양의 타이티에
서 주로 발견됩니다. 진주 색은 조개의 종류에 따른 단백질
인 콘키올린의 성질에 따라 검은색, 은색, 황색 등 여러 가지
가 있습니다.

진주조개의 양식으로 진주를 얻는다

　자연적으로 생성된 진주, 즉 천연 진주는 너무나 희귀하
기 때문에 그 값이 무척 비쌀 뿐 아니라, 환경오염으로 진주
조개가 멸종하다시피 하여 진주는 점점 더 귀하게 되었답니
다. 진주의 수요가 크게 늘어나고 천연 진주의 채취가 점차
어려워지자 사람들은 진주의 양식을 생각하게 되었지요.

　이러한 천연 진주를 대체할 양식 진주가 본격적으로 시
장에 나온 것은 약 100년 전쯤 일본의 미키모토 우코기치라
는 사람에 의해서입니다. 그가 지금까지 '세계 진주의 왕'이
라는 명성을 얻고 있는 것은 진주의 양식에 처음으로 성공을
해서가 아니라 상업적으로 성공하였기 때문입니다.

　그 전에도 중국에서는 13세기에 불상 모양이 새겨진 담

우리나라의 진주 양식

우리나라에서도 양식 진주를 생산하여 가공하고 있지만 그 양은 아직 미미하다. 전국적으로 10여 곳 남짓한 해수 · 담수 진주 양식장이 있으나, 대부분의 진주는 수입하고 있는 실정이다. 2000년도 기준 데이터를 살펴보면, 136억 원어치를 수입하여 14억 원 정도를 수출한 것으로 나타났다.

진주의 가공

양식 진주는 수확하였을 때 완전 구형에 가까운 것은 5% 미만이며, 이런 진주는 매우 비싸게 거래된다. 대부분의 진주는 모양이 타원이거나 색깔이 일정하지 않은 등 형태가 여러 가지이므로, 이를 원형으로 연마하거나 일정한 색으로 착색하여 상품을 만든다.

수 진주를, 스웨덴의 린네는 1761년 구형 진주를 양식한 기록이 있답니다. 하지만 미키모토는 1899년에 일본 긴자에 미키모토 진주점을 개설하고, 1905년에는 다덕도라는 섬에서 원형 진주의 양식에 성공하자 해외로 눈을 돌려 1910년에는 영국의 런던에, 1927년에는 뉴욕에, 그리고 1928년에는 파리에 대리점을 개설하였습니다. 하지만 진주 양식은 당시만 해도 생각지도 못했던 일이었으므로 가짜 진주라고 소문이 나 곤욕을 치르기도 하였습니다. 이런 환경에도 불구하고 미키모토는 96세로 세상을 떠나기 전 일본의 양식진주산업을 세계 최고로 만들어 놓았답니다.

핵을 이식하여 양식 진주를 얻는다

양식 진주의 생산 원리는 천연 진주가 만들어지는 과정에서 이물질을 인공적으로 조개의 내부에 이식하는 것 이외에는 모두 같습니다.

2년 정도 자라 4.5cm 정도 되는 건강한 진주조개를 준비합니다. 이 조개의 난소와 정소의 생식 세포를 제거한 다음, 입을 벌려 직경 3~7mm 정도의 핵을 조개 속의 생식소 주위에 이식합니다. 이때 이식한 핵 위에 미리 준비한 폭과 길이가 각각 2~3mm 정도 되는 외투막 조각을 함께 이식합니다.

진주의 핵을 이식한 다음 바다에서 양식하여 2~3년 후에 수확하면 진주층이 덮인 진주를 얻을 수 있습니다. 이식한 핵과 함께 이식한 외투막이 핵을 둘러싸고 진주층을 분비하여 진주를 만들기 때문입니다.

진주의 핵을 만드는 토부 조개
양식 진주를 만들 때 사용하는 핵으로 순백색의 조개를 사용하는데, 이 때문에 주로 토부조개를 사용한다. 토부조개는 미국 미시시피 강 유역에 서식하는 담수조개로, 핵으로 사용 시 조개껍데기를 지름 3~7mm 정도의 구 모양으로 가공한다.

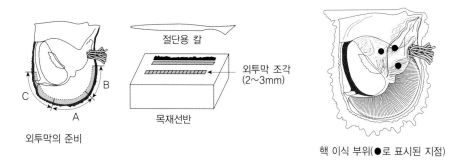

절단용 칼

외투막 조각
(2~3mm)

목재선반

외투막의 준비

C

A

B

핵 이식 부위(●로 표시된 지점)

우리들이 보는 대부분의 진주는 이와 같은 과정으로 생
산된 양식 진주입니다. 그러나 천연 진주와 큰 차이가 없답
니다.

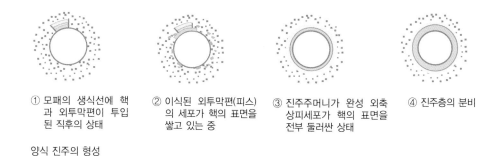

① 모패의 생식선에 핵
   과 외투막편이 투입
   된 직후의 상태

② 이식된 외투막편(피스)
   의 세포가 핵의 표면을
   쌓고 있는 중

③ 진주주머니가 완성 외측
   상피세포가 핵의 표면을
   전부 둘러싼 상태

④ 진주층의 분비

양식 진주의 형성

진주의 광택

진주의 가치는 색 · 광택 · 크기 · 층의 두께 · 흠 · 모양의
여섯 가지에 의해 결정됩니다. 이 중에서 가장 중요한 것은
테리라고 말하는 광택입니다. 테리는 비눗방울과 공작의 꼬
리색이 빛을 받아 아름다운 무지개 빛을 만드는 현상과 같은
것으로, 일종의 빛의 간섭 현상입니다.

테리가 발생하는 것은 진주층이 여러 겹 쌓여 있는 구조
때문입니다. 진주층을 이루는 탄산칼슘 결정층의 두께가 간

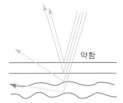

진주층 구조와 테리 왼쪽은 진주층 단면, 오른쪽은 진주 연마면이다. 　　테리의 메커니즘

섭색을 만들고, 결정층이 얼마나 질서 있게 잘 쌓여있는지가 아름다운 광택을 결정합니다.

진주층이 평평하게 잘 쌓여 있으면 광택이 좋고, 진주층이 평평하게 쌓여 있지 않으면 광택이 좋지 않습니다. 좋은 진주는 들여다보는 사람의 얼굴이 거울처럼 비칩니다.

조개의 안 껍질 색에 의해 결정되는 진주의 색은 나라마다 약간의 선호도 차이가 있는데, 우리나라에서는 분홍빛이 도는 흰색과 녹색이 도는 검은색을 최상으로 치고 있습니다.

진주의 보관과 관리법

진주의 광택을 유지하기 위해서는 세심한 주의가 필요합니다. 너무 건조해서도 안 되고, 습해도 좋지 않습니다. 진주는 경도가 약해 약한 열이나 충격에도 쉽게 상하며, 산이나 알칼리에 약해 그런 성분의 물질과 접촉되지 않도록 주의해야 합니다.

진주를 착용하거나 보관할 때 주의점은, 유황 온천에 들어갈 때는 착용하지 말 것과 비눗물이나 표백제가 들어있는 액체나 염소 계통의 세제에 닿지 않게 하는 것입니다.

좋은 진주 찾는 법

진주는 천연 진주나 양식 진주나 모두 평가 기준이 같다. 진주는 형태가 완전한 구형에 가깝고, 흠이 없고, 진주층이 고르며, 광택이 고른 것일수록 좋은 진주라고 한다. 대개 진주의 품질을 결정짓는 것에는 모양 · 흠 · 광택 · 색 · 진주층의 두께 등이 있다.

• 모양

구형 진주의 경우는 그 모양이 원형에 가까울수록 좋은 품질이다. 왜냐하면 살아 있는 조개의 몸속에서 원형에 가까운 진주는 산출되기가 어렵기 때문이다.

• 흠

진주는 성장 과정에서 다양한 생물학적 · 환경적 변화를 거치므로 다양한 흠이 생길 수 있다. 흠이 적을수록 좋은 진주이며, 이러한 흠은 곧 표면의 매끈한 정도를 나타내며, 광택과 밀접한 관계를 가진다.

• 광택

진주 표면에 빛이 투과했다가 반사되는 빛인데, 진주의 광택을 오리엔트 효과라고 한다. 이것은 수많은 진주층에서 빛이 산란과 반사를 일으키는 것으로 광택이 선명하고 일정할수록 좋은 진주이다.

• 색

진주는 아주 다양한 색조를 띤다. 채취할 때에는 많은 진주가 주로 황갈색을 나타내는데, 진주층의 콘키올린 색소 농도가 진주의 색을 좌우한다. 따라서 진주는 표백 과정과 염색 과정을 거쳐 다른 색으로 만든다.

• 진주층의 두께

진주층의 두께는 보통 천공 작업을 한 부분을 확대해 보면 잘 보이는데 0.5mm 이상의 두께가 이상적이다. 하지만 천공 작업을 하기 전에는 자세히 알 수 없다. 진주층의 두께에 따라 진주의 가격은 크게 차이를 보인다.

유황 온천은 진주의 껍질을 벗기며, 세제 등은 진주의 광택을 빼앗아 뿌옇게 합니다. 또 일반 수돗물에도 표백제 염소 성분이 녹아 있어 오래 두면 안 되고, 수영을 할 때도 착용하지 말아야 합니다. 헤어스프레이나 향수, 스킨, 과일즙, 식초가 닿아도 진주에는 얼룩이 생기며, 심지어 땀에도 영향을 받습니다. 초음파 세척이나 비눗물 세척은 금물이며, 부드러운 천으로 천천히 닦아주는 것이 가장 좋습니다.

1. 연체동물

무척추동물로서 외투막을 가진 동물을 말한다.

- **복족류** : 달팽이, 다슬기, 우렁이, 소라, 전복 등이 속한 나사조개 등의 연체동물
- **부족류** : 대합, 바지락, 맛조개 등의 연체동물
- **두족류** : 오징어, 낙지, 문어 등의 연체동물

2. 조개껍질

각질층, 능주층, 진주층으로 단백질인 콘키올린과 탄산칼슘으로 구성되어 있다.

3. 양식 진주

토부조개로 만든 핵과 외투막을 이식하여 진주층의 분비를 유도하여 생산한 진주를 말한다.

댄 브라운의 《천사와 악마》

바티칸을 구하라!

물질과 반물질

스위스의 CERN(유럽 입자 물리학 연구소)은 세계에서 가장 큰 과학연구 시설이다. 최근 CERN은 반물질(反物質)의 첫 입자들을 생산하는 데 성공했다.

반물질은 물리적인 면에서는 물질과 동일하다. 다만 자연계에서 발견되는 보통 물질과는 반대의 전기적 성질을 지녔다는 점이 다를 뿐이다.

또한 반물질은 가장 강력한 에너지원으로 알려져 있다. 일반 물질의 경우 핵융합에서 발생하는 에너지 효율이 1.5%에 불과한 반면에 반물질의 경우는 100%의 효율로 에너지를 방출하기 때문이다. 뿐만 아니라 반물질은 공해나 방사능도 방출하지 않는다. 그리고 반물질 한 방울로 뉴욕 시의 하루 전력량을 모두 충당할 수 있다. 하지만 반물질에는 한 가지 결점이 있는데, 반물질은 매우 불안정하다. 어떤 것과 접촉만 해도 타 오른다. 심지어 공기와 접촉해도 마찬가지다. 반물질 1g은 20톤의 핵폭탄 에너지와 맞먹고, 이것은 히로시마에 떨어진 핵폭탄의 파괴력과 같다.

최근까지 반물질은 아주 극소량만 만들어졌다. 한 번에 겨우 한두 원자들. 하지만 CERN은 반양자(反陽子)감속기를 이용해 새로운 지평을 열었다. 발달된 반물질 생산시설인 반양자 감속기로 훨씬 많은 양의 반물질 생산을 약속받게 된 것이다.

《악마와 천사》 중

이 소설은 스위스의 유럽 입자 물리학 연구소인 CERN에서 근무하는 유능한 과학자 베트라의 살인 사건에서 시작됩니다.

베트라가 살해된 이유는 바로 '반물질'을 추출하여 보관하는 데 성공하였기 때문입니다.

살인 사건과 함께 반물질 1/4g도 사라져, 바티칸의 깊숙한 지점에 숨겨져 카운트다운을 시작하고, 이는 곧 바티칸 경비실에 공개됩니다.

반물질이란 자연계에서 발견되는 보통 물질과는 반대의 전기적 성질을 지닌 것으로, 소설에서도 말했지만 반물질 1그램은 20톤의 핵폭탄 에너지와 맞는 엄청난 에너지를 가진 물질입니다.

그런데 분실한 반물질의 보관 용기는 전원 공급 없이 24시간만 반물질이 물질과 닿지 않도록 설계된 것으로 24시간 내에 트랩에 다시 장치하지 않으면 폭발을 하게 되는데, 이 폭발은 엄청난 피해를 가져오게 되므로 큰 위험이 예상됩니다.

살인자는 교회의 탄압을 피해 은밀하게 결성된 과학자들의 고대 조직인 '일루미나티' 단원입니다. 그는 교황 선거 회의에서 유력한 교황 후보로 발탁된 4명의 추기경들을 고대 과학의 4원소인 흙(earth) · 공기(air) · 불(fire) · 물(water)의 낙인을 찍고 그 각각의 원소를 이용해 살해합니다.

소설의 주인공 로버트 랭던은 이 사건을 해결하는 비공식 자문 위원 역할을 하게 됩니다. 기호학자인 로버트 랭던은 일루미나티의 역사와 이 조직에 대한 올바른 이해가 바로 사건을 푸는 열쇠임을 알고 베트라의 딸 올리베티와 함께 사건 해결에 깊숙이 개입하지요.

성 피에트로 무덤의 석관에 놓여진 반물질과 공중에서의 폭발, 그리고 인류의 교회로의 회귀를 위해 최신 과학의 산물인 반물질을 이용한 바티칸의 밝혀지는 음모가 흥미진진하게 이어집니다.

이 소설에는 반물질, 거대 하드론 충돌형 가속기, 초전도 초대형 입자가속기 등 다양한 최신 물리학적 지식이 등장하면서, 독자들로 하여금 물리학에 흥미를 갖게 해 줍니다. 그리고 현재 진행되고 있는 각종 첨단과학과 종교의 정면충돌을 다루어 인간 참 존재의 의미를 깊이 생각하게 합니다. 이 소설에서 과학과 종교를 하나로 통합시켜 줄 수도 있을 물질인 반물질이 어떤 것인지 알아볼까요?

반물질(反物質)은 반입자로 구성된다

우리가 살고 있는 우주와 지구, 그리고 그 안에 존재하는 생물을 포함한 모든 사물들은 모두 물질로 구성되어 있습니다. 또한 물질은 양성자·중성자·전자 등의 입자들로 구성되어 있지요. 가장 간단한 물질인 수소 원자는 양성자 1개와 전자 1개가 전자기력에 의해 결합한 것입니다. 양성자는 (+) 전하를 띠고, 전자는 (−) 전하를 띠고 있지요.

그런데 반물질을 구성하는 입자의 성질은 물질을 구성하는 입자와 정반대의 성질을 가지고 있는 반입자로 구성되어

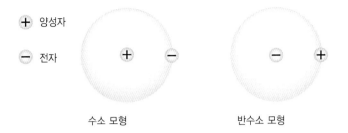

+ 양성자

− 전자

수소 모형   반수소 모형

있답니다.

반입자는 입자와 질량, 평균 수명 등은 같지만 전하 등의 성질은 반대인 입자입니다. 전자의 반입자는 양전자이고 양성자의 반입자는 반양성자입니다. 이러한 반입자들이 모여 물질을 이룬 것이 반물질이지요. 예를 들면 수소가 양성자(+전하) 하나와 전자(−전하) 하나로 이루어졌다면, 반(反)수소는 (−) 전하의 반양성자 하나와 (+) 전하의 양전자로 구성되는 것이지요. 반입자로만 이루어진 원소가 많이 모이면 태양과 같은 별도 될 수 있고, 우리의 물질세계와 다르지 않은 반물질의 우주도 만들 수 있겠지요.

반물질의 발견

20세기 초 원자 차원에서 물체의 운동을 설명하는 양자 이론이 형성되는 과정에서, 영국의 물리학자 디랙은 1928년 수소 원자의 상대론적 양자 이론을 발표하였습니다. 그러나 그 이론은 당시 실험 결과들과 잘 일치했지만, 전자에 대한 반입자(反粒子)가 존재해야 한다는 것이 문제였습니다. 이 반입자는 전자와 질량은 같지만 전하가 전자와 반대인 양(+)

여기서 잠깐!

양자 이론

'양자'란 '아주 작게 나누어진 입자'를 의미하는 것으로 쉽게 말하자면 극도로 작은 구슬 같은 입자를 말한다. 양자 이론은 이러한 양자로 자연 세계를 설명하고자 하는 이론으로, 빛이나 소리, 전자기장 등이 가지는 에너지를 파동이 아니라 입자, 즉 양자로 된 것으로 생각하고, 이를 기초로 하여 운동이나 에너지를 해석하고 계산하는 이론이다.

다른 용어로 표현하자면, '입자 이론'이라고도 할 수 있는데, 양자 이론에서는 빛의 입자를 포톤(photon), 소리진동의 입자를 포논(phonon)이라고 부른다.

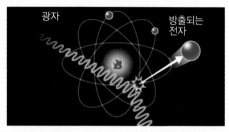

빛이 광자라는 입자로 되어 있다는 사실은 아인슈타인에 의해 밝혀졌는데, 이것은 빛이 금속에 부딪히면 전자가 방출되는 것으로 알 수 있다.

의 성질을 가져야 했습니다. 당시 그러한 입자는 알려지지 않아 그의 이론은 학자들로부터 거부당하고, 심지어는 조롱까지 당했습니다.

그런데 놀랍게도 1932년 미국의 칼 앤더슨 박사는 우주에서 날아오는 입자 중에 지구 대기와 충돌할 때 순간적으로 이러한 성질을 가진 입자가 생겼다 사라지는 것을 발견하였답니다.

현재 양전자(positron)라고 불리는 전자의 반입자를 발견한 것이지요. 이 발견으로 디랙은 몽상가에서 일약 물리학계의 전설이 되었고 1933년 노벨 물리학상을 수상하였습니다. 한편 앤더슨도 3년 뒤인 1936년 노벨 물리학상을 수상하였고요.

이후 학자들은 양성자나 중성자 등의 모든 입자에도 마찬가지로 각각의 반입자가 존재할 것이라고 추측하였고, 1956년 양성자의 반입자인 반양성자가 버클리 대학의 가속기에서 발견되었답니다. 우리가 일반적으로 알고 있는 물질에 또 다른 쌍둥이가 있다는 사실을 확인하게 된 것이지요.

물질과 반물질이 충돌하면 어떤 일이 일어날까?

반물질은 그 물질과 같은 질량을 가지고 있으나, 스핀과 전하만 반대입니다. 물질과 반물질이 합쳐지면 물질과 반물질이 소멸되면서 아인슈타인이 밝힌 에너지 변환 ($E = mc^2$)과 같이 질량이 100% 에너지로 변합니다. 이를 '쌍소멸'이라 하는데, 물질과 반물질이 모두 에너지로 변하기 때문입니다. 이 에너지는 보통의 화학 연소에서 발생하는 것보다 약 1백억 배나 많은 양입니다. 이는 방사능 물질의 연쇄 반응에 의한 핵폭발보다 훨씬 효율적입니다. 이런 이유 때문에 반물질은 미래의 강력한 무기로, 또는 미래의 우주선 연료 · 에너지원으로 여겨집니다.

현재 로켓 추진 기술로는 화성까지 다녀오는 데도 약 2년이 소요될 정도로 시간이 많이 걸리지만, 반물질을 로켓 연료로 사용하면 화성까지의 여행을 몇 주 만에 해결할 수 있을 것이라고 예측하기도 합니다. 아스피린 크기 정도의 반물질이면 수백 광년의 거리를 여행할 수 있는 에너지를 얻을 수 있다고도 하지요. 영화 〈스타트렉〉에서는 벌써 반물질 엔진을 우주선에 사용하고 있잖아요? 인간의 상상력은 언젠가는 이루어지리라 생각합니다.

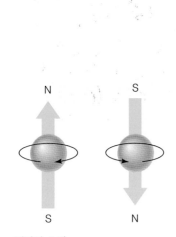

전자의 스핀 SPIN

스핀은 자기장의 영향을 받는 입자의 성질을 표현하는 용어다. 팽이가 도는 방향이 두 가지인 것처럼 전자의 경우 두 가지 스핀이 있는데, 방향에 따라 '왼손잡이' 전자와 '오른손잡이' 전자로 구분한다.

반물질은 빅뱅으로 생성되었다

그러나 지구상의 자연 속에는 반물질이 존재하지 않습니다. 지금까지 알려진 바로는, 우주가 탄생할 당시 빅뱅에 의해 물질과 반물질이 동일한 양으로 생성되었다는 것이 과학계의 의견입니다.

빅뱅 직후 물질과 반물질은 1초가 안 되는 아주 짧은 시간 안에 스스로 붕괴하거나 충돌해 소멸된 것으로 설명했습니다. 과학자들의 실험에 의하면 반물질의 붕괴 속도가 물질에 비해 크기 때문에 반물질과 충돌하지 않은 물질의 입자들이 살아 남았고, 반물질은 모두 붕괴하여 없어졌다는 것입니다. 또 '살아 남은' 물질들도 그대로 있었으면 스스로 붕괴해 사라졌겠지만 입자들이 뭉쳐 안정적인 양성자나 전자를 만들었기 때문에 존재할 수 있었고, 빅뱅 후 30만 년이 지나자 수소 같은 기본적인 원자들이 탄생했으며, 이 원자들이 모여 현재의 우주가 생성되었다는 설명입니다.

현재 고에너지 입자 가속기 내부에서 입자와 그에 대응하는 반입자를 만들어 붕괴율을 조사하였더니, 반입자의 붕괴율이 크다는 것을 알아내어 오늘날의 물질로 된 우주가 생성되었다고 하는 것입니다. 같은 양으로 존재했던 물질과 반물질이 붕괴율마저 같았다면 이때 이미 충돌해 사라졌을 것입니다.

반물질을 생산하는 공장을 짓는다

반물질을 이루는 반입자는 입자 가속기를 이용하여 만듭니다. 입자인 양성자나 전자를 가속하여 빛에 가까운 속도로 물체에 충돌시키면 새로운 입자와 반입자가 쌍으로 생성됩니다.

생성된 반입자는 입자와 충돌하여 순식간에 소멸하므로 반입자를 분리하기가 쉽지 않습니다.

유럽 입자 물리 연구소(CERN)는 포획해서 연구할 수 있을 정도로 느린 반물질을 만들기 위해 '반물질 공장'으로 185m의 작은 감속기를 이용한다고 합니다.

가속기로부터 생성된 반양성자를 감속기를 이용해 빛 속도의 1/10로 줄이면 반양성자는 전자기장에 포획되고, 포획된 반양성자는 방사능 물질로부터 방출되는 양전자와 만나 반수소 원자를 만드는 것입니다.

이렇게 하여 시간당 2,000개의 반수소 원자를 생산할 예정이라고 합니다. 그러나 현재 만들어진 반수소는 만들자마자 순식간에 에너지로 변하였기 때문에 아직까지 반물질의 연구는 초보적인 수준이라 할 수 있습니다.

우주 공상과학 영화에 등장하는 우주선의 연료로 반물질을 사용하는 등의 꿈이 현실화되기까지는 많은 세월이 필요할 것입니다. 한 개의 우주선을 추진시키는 데 약 20kg의 반물질이 필요한데, 20kg의 수소 원자의 개수는 상상할 수 없을 정도로 많은 숫자입니다.

소설 속의 베트라 박사가 1/4g의 반물질을 얻었다는 것은

빅뱅 Big Bang

빅뱅은 우주가 태어날 때 초고밀도, 초고온의 상태에서 갑작스럽게 발생한 대폭발을 일컫는다. 빅뱅 이후 우주는 팽창하였고, 팽창을 하며 점점 커지면서 식어서 현재의 우주가 되었다는 가설이 빅뱅 이론이다.

허블은 우주는 계속 팽창한다는 것을 밝혔는데, 이를 거꾸로 돌려서 보면 우주는 저 먼 과거에는 한 점에서부터 시작했을 거라고 생각한 것에서 빅뱅 이론은 시작된다. 빅뱅 순간 엄청난 온도였지만 팽창하면서 서서히 온도가 떨어져 현재의 우주 온도가 약 2.7k (−270.3℃)인 것이 그 증거이다.

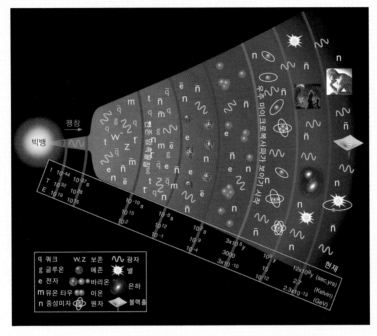

빅뱅을 묘사하는 그림 빅뱅은 우주 생성을 설명하는 가장 근사한 이론이다.

소설 속의 허구이지 실제로 성공한 것은 아닙니다. 반물질을 얻었다 하더라도 이를 보관하는 기술이 문제입니다. 반물질을 물질로 만든 용기에 담아 둘 수 없기 때문이지요. 이를 위해 전자기병 또는 트랩에 가두는 기술을 개발하고 있답니다.

여기서 잠깐!

입자 가속기

입자 가속기란, 입자의 속도를 빠르게 하여 가속하는 장치이다. 가속기는 여러 가지 용도로 이용되지만, 입자를 보다 빠르게 가속하면, 입자는 큰 에너지를 가지는데, 이런 입자를 서로 부딪치게 만들면 입자는 붕괴되면서 보다 작은 입자로 나뉜다. 이때 입자의 내부 사정이나 특징을 알 수 있는 것이다.

입자 가속기는 각종 첨단 의료장비 개발이나 각종 산업 연구에 폭넓게 이용된다. 가속기에는 두 종류가 있는데, 하나는 선형 가속기이고, 다른 하나는 원형 가속기인 싱크로트론이다.

1. 선형 가속기

주로 전자를 가속시킬 때 사용한다. 세계에서 가장 큰 선형 가속기는 미국 스탠포드대학교에 있는 것으로, 이것은 전자를 500억 eV까지 가속시킬 수 있다.

2. 싱크로트론

양성자를 가속시킬 때 주로 사용한다. 미국 페르미 국립 가속기 연구소에 있는 테바트론은 양성자를 9,000억 eV까지 가속시킬 수 있고, 유럽 입자 물리 연구소의 하드론 충돌 가속기(LHC)는 7조 eV까지 가속시킬 수 있다.

유럽의 하드론 충돌 가속기는 링의 반지름만 해도 4km, 총 길이가 27km에 달한다. 우리나라에서도 방사성 폐기물 처리장이 들어서는 곳에 양성자 가속기를 설치할 계획이다.

---

eV(전자볼트)

1eV는 전자 1개를 1볼트 차이가 있는 곳으로 이동시킬 때 드는 일(에너지)이다.

$$1eV = 1.602 \times 10^{-19} J = 1.602 \times 10^{-12} erg$$

미국 스탠포드대학교의 선형 가속기 왼쪽은 선형 가속기의 외부 모습, 오른쪽은 내부 모습이다.

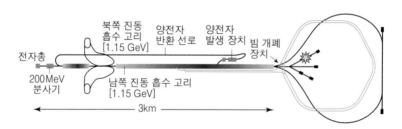

선형 가속기의 간단한 설계도

반물질 연구의 필요성

현재 반수소 원자를 만드는 연구가 진행 중이고, 매우 짧은 순간밖에 살지 못했지만 반수소 원자를 만들기도 했습니다. 반입자인 양전자는 이미 양전자 단층 촬영장치(PET)에 사용되고 있으며, 우리나라의 일부 병원에서도 이미 뇌종양 등의 검진에 이를 사용하고 있습니다.

반물질을 자유롭게 다루고 연구할 단계가 되면 어떤 과학이 생겨날지 아무도 모릅니다. 반물질은 다음 세대의 에너지 자원으로서뿐만 아니라 우주의 탄생을 밝힐 수 있는 비밀을 가지고 있지요.

그러나 아직은 입자가속기에서 순간적으로 생성되는 반물질을 확인하는 수준이고, 또 빅뱅으로 물질과 반물질이 생성되었다는 것만 알 뿐, 우주를 탄생시킨 에너지의 근원이나 반물질로 이루어진 세계가 물질로 구성된 세계와 어떻게 다른지 등은 모르고 있습니다. 반물질을 연료 등으로 자유롭게 다룰 때쯤이면 빅뱅을 일으킨 에너지의 근원도 알 수 있지 않을까 생각합니다. 반물질, 참 재미있는 물질입니다.

> ☀ **양전자단층촬영장치 PET**
>
> 환자의 몸에 양전자를 생산하는 의약품을 미량 주사한 후, 컴퓨터 단층 촬영(CT 촬영)과 비슷한 방법으로 그 영상을 얻어내는 검사 장치이다.
>
> PET는 암 조직, 각종 두뇌 기능, 심장 기능 등 생리학적 변화나 약리학적 기능을 영상화하여 보여 준다. 예를 들면 암환자에게서 암 조직은 정상 조직보다 훨씬 더 왕성한 대사기능을 하기 때문에, 컴퓨터 단층 촬영이나 핵자기 공명장치(MRI)에서보다 PET에서 더욱 선명하게 관찰된다.

1. 원자의 구성

전자(−), 양성자(+), 중성자로 구성

2. 반물질

물질을 이루는 입자와 전하 등이 반대인 반입자로 구성된 물질. 물질과 충돌하면 쌍소멸하여 엄청난 에너지를 낸다. 입자 가속기에서 입자를 충돌할 때 입자−반입자가 쌍으로 형성된다.

3. 빅뱅이론

무한대의 밀도를 가진 점(특이점)이 폭발하여 우주가 형성되었다는 이론

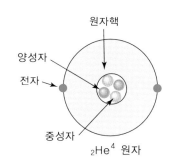

원자핵
양성자
전자
중성자
$_2He^4$ 원자

댄 브라운의《천사와 악마》

교황의 비밀

인공수정

"교황은 자식을 둔 아버지였습니다." 시스티나 소성당 안에서 이 말을 할 때 궁무처장은 동요하지 않았다. … (중략) …

천천히, 그리고 슬프게 모르타티는 이야기를 늘어놓았다. 아주 오래 전, 교황의 사제 시절, 그는 젊은 수녀와 사랑에 빠졌다. 두 사람 모두 순결의 맹세를 한 몸이었기 때문에, 결코 신과 맺은 서약을 깰 것을 염두에 두지 않았다.

그들의 사랑은 깊어졌지만, 육체의 유혹에 그들은 저항했다. 신의 근원적인 창조의 기적에 참여하고 싶은 마음. 아이였다. 그들의 아이. 이 갈망은 특히 여자 쪽에서 너무 압도적이었다.

1년 후, 좌절감이 참을 수 없는 지경에 이르렀을 때, 여자가 흥분해서 그에게 달려왔다. 그녀는 과학의 새로운 기적에 관한 새로운 기사를 읽었는데, 성관계를 가지지 않고서도 두 사람이 아기를 가질 수 있다는 정보였다. 그녀는 이것이 신이 보낸 정보라고 생각했다. 사제는 여자의 눈에서 행복을 보았다. 동의했다. 1년 후 여자는 인공수정이라는 기적을 통해 아이를 가졌다.

《천사와 악마》 중

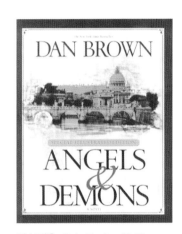

댄 브라운, Atria Books, 2005

부모님은 그렇게 순결도 지키고 아이도 얻었지요. 그 아이가 바로 지금의 접니다

앞에서 일루미나티 조직의 소행으로 보이는 CERN의 과학자와 로마 교황 후보인 네 명의 추기경이 암살자에 의해 살해당하는 것을 소개하였습니다. 베르니니의 건축물에 숨겨진 상징을 따라 숨겨진 반물질과 사건을 따라가던 로버트 랭던 교수가 암살자의 계교에 빠져 죽음의 문턱을 넘나드는 동안, 교황청 시스티나 성당에서는 교황을 선출하는 투표 절차인 '콘클라베'가 열립니다. 곧 있을 반물질의 폭발, 추기경들의 죽음 등, 사태의 심각성 때문에 교황 선출 때까지 한 번도 열리지 않았던 시스티나 성당의 문이 열리고, 교황청의 실질적인 권한을 가진 궁무처장 카를로 벤트레스카가 지금까지의 모든 살인 사건들과 과학에 대한 교황청의 입장을 추기경들에게 설명합니다.

눈부시게 발달하는 과학에 인류가 몰두하면서 인류는 점점 경쟁적이고 비인간화되어 가므로 인류의 모든 관심과 노력은 다시 교회로 돌아와야 할 것이라고 역설하여 전 세계를 감동시킵니다. 그러나 이어진 반물질의 폭발과 베일을 벗는 음모, 교황의 독살과 궁무처장의 출생의 비밀, 그리고 궁무처장의 화염에 쌓인 승천. 교황이 사제 시절, 수녀 마리아와 사랑에 빠지지만 순결을 지키기 위해 인공 수정으로 자식을 얻는데, 그 아들이 궁무처장이었던 것이지요.

이 소설은 빠르게 전개되는 사건들 속에서 과학과 종교의 상생의 길을 탐색하고 있습니다. 여기에서는 교황이 자식

을 얻은 인공 수정이 무엇인지, 또 어떻게 시술하는 것인지
알아볼 것입니다.

인공 수정은 정자를 여자의 자궁 안에 인공적으로 넣어주는 것이다

　남자의 정자와 여자의 난자가 수정되어 아기가 태어나는
것은 잘 알지요? 남자의 고환에서 생성된 정자가 여자의 난
소에서 생성된 난자에 다가가 수정되어 발생 과정을 거쳐 아
기가 되는 것입니다.

　남녀 간의 성관계로 남자의 정액 속에 든 정자가 여자의
난소에서 생성된 난자에게 다가가 수정이 이루어지는 것이
지요. 그러나 남자의 정액 속에 정자가 없는 무정자증이거나

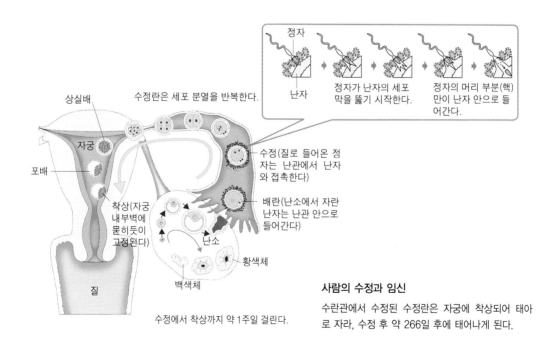

정자

난자

정자가 난자의 세포
막을 뚫기 시작한다.

정자의 머리 부분(핵)
만이 난자 안으로 들
어간다.

상실배

수정란은 세포 분열을 반복한다.

자궁

포배

착상(자궁
내부벽에
묻히듯이
고정된다)

난소

질

백색체

황색체

수정(질로 들어온 정
자는 난관에서 난자
와 접촉한다)

배란(난소에서 자란
난자는 난관 안으로
들어간다)

수정에서 착상까지 약 1주일 걸린다.

사람의 수정과 임신
수란관에서 수정된 수정란은 자궁에 착상되어 태아
로 자라, 수정 후 약 266일 후에 태어나게 된다.

정자의 숫자, 운동성, 모양이 비정상적인 경우에는 수정이 불가능하여 불임이 되는 경우가 많습니다. 이럴 때 인공 수정을 하게 됩니다.

인공 수정이란 남자의 정자를 가느다란 관 등을 이용하여 인공적으로 여자의 자궁 안에 넣어 수정시키는 방법을 말합니다. 현재 대부분의 가축들에 인공 수정 방법을 사용합니다. 우수한 형질을 가진 수컷의 정자를 냉동 보관하였다가 발정기에 들어선 동물의 생식기 안에 기구를 써서 정자를 넣어 인공적으로 수정시키는 것이지요.

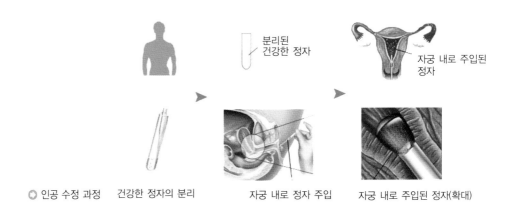

분리된 건강한 정자

자궁 내로 주입된 정자

◎ 인공 수정 과정　　건강한 정자의 분리　　　자궁 내로 정자 주입　　자궁 내로 주입된 정자(확대)

인공 수정은 시기가 중요하다

인공 수정 방법은 비교적 쉽게 고통 없이 시술할 수 있지만 그 시기가 중요합니다. 여자들은 한 달에 한 번씩 난자를 난소에서 내보내는데, 이를 배란이라 합니다. 난소에서 성숙한 난자가 배란될 때를 맞추어 정자를 넣어 주어야 수정이 되는 것이지요.

한 달에 한 번 마법에 걸리는 여성들

오늘날 여자들은 월경하는 것을 '마법에 걸린다.' 라고 은밀하게 표현한다. 이때가 되면 신체적 변화와 함께 여자들은 민감해지고, 한 연구에 따르면 월경을 하기 전 예뻐 보인다는 이야기도 있다.

그럼, 월경이란 어떻게 일어나는 것일까? 월경은 자궁 안에 발달한 자궁벽이 탈락하는 현상이다. 배란된 난자가 수정되었을 때 아기가 자랄 수 있는 환경을 만들기 위해 자궁벽은 여러 가지 호르몬의 영향으로 모세혈관 등이 복잡하게 발달하여 한 달에 한 번씩 두껍게 발달한다. 자궁이 발달할 때 수정이 되어 배아가 착상하면 자궁벽은 더 발달하여 유지되지만, 수정되지 않으면 자궁벽은 탈락하게 된다. 이때 모세혈관 등이 함께 탈락하므로 출혈이 있게 되는 것이다. 월경은 대개 13~14세경부터 시작한다.

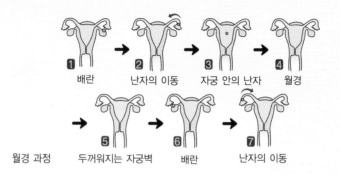

배란	난자의 이동	자궁 안의 난자	월경

월경 과정	두꺼워지는 자궁벽	배란	난자의 이동

정상적인 여자의 경우 배란 시기는 월경이 시작된 지 15일경입니다. 배란된 난자가 수란관을 따라 이동할 때 인공 수정을 해야 하는 것이지요. 이를 위해서 배란기에 많이 분비되는 호르몬을 측정하여 그 시기를 맞춘답니다. 다른 시기에 인공 수정을 해 봤자 수정이 되질 않으니까요.

수정에는 많은 정자가 필요하다

수정은 한 개의 난자와 정자가 결합하는 것이지만 이 수정이 성공적으로 이루어지기 위해서는 정액 1mL 기준으로

2,000만 마리 이상의 정자가 필요합니다. 남자가 한 번 사정하는 정액은 평균 3mL이므로 정자 수가 최소한 6,000만 마리 정도는 되어야 수정이 가능합니다. 이 이하면 무정자증이라 하여 불임이 될 가능성이 높습니다. 정상적인 남자의 정액에는 2~5억 마리의 정자가 들어 있지요. 그리고 정자가 기형이거나 활동성이 미약해도 수정이 어렵습니다.

여성의 질 안은 강한 산성으로 유지되므로 대부분의 정자들은 이 산성 용액에 살아 남지 못하기도 하고, 또 난자를 향해 여행하는 동안 활동성이 약한 정자는 끈적끈적한 자궁 내 환경을 거슬러 헤엄쳐 나가지 못하기도 합니다.

그렇기 때문에 몇 억 마리의 정자 중 난자에 도달하는 정자 수는 고작 수백에서 수천 마리 정도로 줄어들고, 그 결과 아주 건강하고 활동성이 강한 정자들만이 난자까지 도달할 수 있게 됩니다. 즉, 이러한 환경들은 가장 활발한 정자의 유전자가 전해질 수 있도록 하는 것이랍니다.

그러나 이것이 끝이 아닙니다. 난자에게는 마지막 고비가 있습니다. 경쟁자들을 물리치고 난 정자를 난자를 둘러싸고 있는 방사관과 투명대를 뚫고 난자 안으로 들어가야 하는 것이지요.

정자 수가 적은 무정자증이거나 기형, 또는 활동성이 미약한 정자를 가진 사람들은 수정이 어렵기 때문에 활동성이 강한 정자를 모아 인공 수정에 사용합니다. 정상적이고 활동적인 정자를 모으기 위해 병원에서는 원심분리 등 다

여기서 잠깐!

사람의 수정 과정

난자는 난황과 핵으로 되어 있으며, 난자 주위를 투명한 막인 투명대가 둘러싸고 그 주변을 다시 방사상으로 배열된 세포, 즉 방사관이라 불리는 세포층이 감싸고 있다. 수정이 되려면 정자는 이러한 막구조들을 모두 통과해야 한다.

정자의 머리 부분인 첨체에는 투명대와 방사관을 녹일 수 있는 효소가 들어 있어 난자에 도달한 정자들은 이들을 녹이기 시작한다. 이 중 가장 먼저 난막을 뚫고 들어가는 정자의 핵이 수정되는 것이다.

이 막은 하나의 정자가 뚫을 수는 없고 여러 정자들이 협력해야만 한다. 가장 먼저 도달한 정자가 난막까지 바로 뚫고 들어가는 경우도 있겠지만 이 정자가 방사관과 투명대를 조금 뚫고 들어가고 이어 도착한 정자들이 이어 뚫어서, 시간에 맞춰 도착한 운 좋은 정자가 난막을 뚫고 들어가는 것이다.

정자가 난자의 난막에 도달하면 난막의 일부가 부풀어 올라 수정돌기를 만들고 수정돌기의 일부가 뚫어지면서 정자의 머릿속에 든 핵이 난자 속으로 들어간다. 이후 정자의 핵과 난자의 핵이 결합하여 세포 분열을 시작한다.

난자까지 도달하는 험난한 과정을 지나가기 위해서도 정자는 아주 건강하고 활동적이어야 하고, 또 난자에 도착하더라도 바로 수정하는 경우도 없고 행운까지 겹쳐야 하니 정자들의 운명도 정말 치열한 경쟁을 거쳐야 한다. 그 어려운 경쟁을 뚫고 태어난 우리들도 정말 대단한 생명들인 것이다.

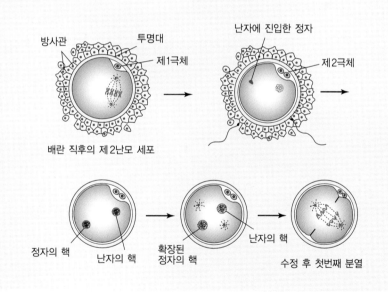

양한 방법을 사용합니다.

소설에서 서거한 교황은 건강한 사람이었으므로 정자를 얻기가 어렵지 않았을 것이며, 이 정자를 주사기 등으로 수녀의 몸 안에 넣어주는 인공 수정 과정도 비교적 간단하였을 것입니다. 인공 수정으로 두 사람은 육체의 순결에 대한 맹서를 깨뜨리지 않고도 아들을 얻을 수 있었던 것이지요.

시험관 아기는 체외 수정으로 얻는다

요즘은 인공 수정으로 얻은 아기라 하면 시험관 아기를 떠올립니다. 시험관 아기도 인공 수정의 과정이 있으므로 넓은 의미에서는 인공 수정 아기라 할 수 있지만, 구분하는 것이 좋습니다.

인공 수정은 여성의 몸 안에 정자를 넣어 여성의 몸 안에서 수정이 일어나게 하여 아기를 얻는 방법입니다. 하지만 시험관 아기는 여성의 난자와 남성의 정자를 채취하여 시험관 속에서 수정을 시킨 다음 여성의 자궁으로 되돌려 보내는 방식입니다.

시험관 아기를 얻는 과정은 배란, 난자 채취, 체외 수정, 배양 및 이식의 과정으로 진행됩니다. 먼저 호르몬제를 여성에게 투여하여 여러 개의 난자가 동시에 배란되도록 유도합니다. 여자가 한 달에 배란하는 난자 한 개를 사용할 경우에는 임신 성공률이 낮기 때문에 호르몬 주사로 여러 개의 난자가 동시에 배란하도록 유도하는 것이지요. 난자의 채취는 여자의 배꼽 바로 밑에 작고 길쭉한 구멍 두 개를 낸 다음에 한 구멍으로는 복부에 복강경을 집어넣어 난소의 위치를 확인하고, 다른 한 구멍으로는 난소에 작은 관을 삽입하여 성숙된 난자를 빨아들입니다.

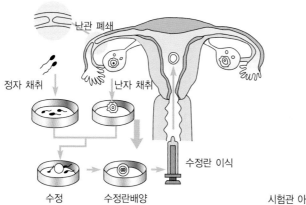

난관 폐쇄

정자 채취

난자 채취

수정란 이식

수정

수정란배양

시험관 아기 시술 과정

　이렇게 채취한 난자는 영양분이 담긴 시험관 안에서 활동성이 좋은 정자와 수정시킨 다음 다른 시험관 속에서 약 이틀 동안 배양합니다. 수정란은 처음 24시간 만에 2개 세포로 분열하고 36시간 안에 4개, 2.5일까지 8개로 됩니다.

　이렇게 분열한 수정란을 배아라고 하는데, 4~8개의 세포로 분열된 배아를 자궁 안에 이식합니다. 착상 가능성을 높이기 위해 대개 3~5개의 배아를 이식합니다. 시험관 아기 중에 쌍둥이가 많은 것은 여러 개의 배아가 착상된 결과입니다.

　다시 말해서 시험관 아기는 열 달 동안 시험관 내에서 키우는 것이 아니고, 어머니의 자궁 속에서 자라도록 하는 것으로 시술 후 성공률은 약 20% 정도입니다. 1978년 처음 시험관 아기가 태어난 후 지금까지 전 세계적으로 약 30여 만 명이 시험관 아기 시술로 태어났습니다.

시험관 아기와 생명 윤리

불임 부부가 시험관 아기 시술을 통해 아이를 얻는 것은 더 없는 과학의 축복이지만, 다른 경우일 때는 매우 큰 사회적 반향을 일으킵니다.

자궁 이상 등으로 도저히 아기를 가질 수 없는 여성이 자신의 난자와 남편의 정자로 수정시킨 수정란을 다른 여자의 자궁에 이식하여 자식을 얻는 대리모에 의한 출산이 있지요. 여기서 자식에 대해 대리모가 친권을 주장할 경우 복잡한 문제가 생기게 되지요. 또 정자은행에 냉동 보관된 죽은 남편의 정자로 자식을 얻겠다고 남편의 정자를 신청한다면, 이때는 어떻게 해야 하나요. 죽은 사람이 자식을 낳다니……

체외 수정으로 배아줄기세포를 얻는다

난세포가 수정된 후 처음 두 달 동안의 개체를 배아라고 하고, 그 후부터 출생 시까지는 태아라고 합니다. 배아의 모든 세포는 아직 기관으로 분화가 정해지지 않은 세포이며 어느 조직으로도 분화될 수 있는 만능 세포로, 이를 배아줄기세포라고 합니다. 배아의 세포를 신경에 이식하면 신경 세포로, 뇌에 이식하면 뇌세포로, 이자에 이식하면 이자 세포로 분화되는 능력을 가지고 있는 것이지요.

과학자들은 배아의 줄기세포 기능을 이용하여 난치병을

여기서 잠깐!

줄기세포

하나의 수정란이 분열하여 여러 가지 기관을 만드는 모습이 마치 나뭇가지 모양처럼 뻗어나간다고 해서 줄기 세포라 한다. 줄기세포는 모든 신체기관으로 전환할 수 있는 세포로, 크게 성체줄기세포와 배아줄기세포로 나뉜다.

성체줄기세포는 어른의 장기 조직에 극소수로 존재하면서 장기 조직의 정상적 기능을 수행할 수 있는 근간세포를 말하며, 대표적으로 백혈병을 치료하는 골수세포가 있다.

배아줄기세포는 착상 직전의 배아나 임신 8~12주 사이에 유산된 태아에서 추출한 줄기세포를 말한다. 인체를 구성하는 모든 세포로 분화가 가능하지만, 타인의 배아를 이용하므로 이식을 할 때 거부 반응이 일어날 수 있다.

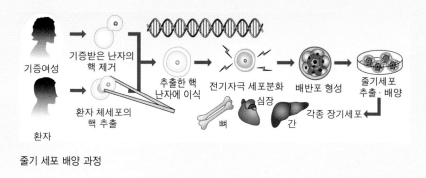

줄기 세포 배양 과정

치료하는 데 주목하고 있습니다. 예를 들어 당뇨병을 앓고 있는 환자에게 배아줄기세포를 이자에 이식하면 정상적인 이자가 복원되고 당뇨병으로부터 해방될 수도 있는 것이지요.

줄기세포 연구는 앞으로 난치병 치료에 획기적인 진전을 가져올 것입니다. 그러나 배아도 하나의 '생명'이라는 사회 각계의 우려 때문에 이 문제는 사회적, 국제적 합의가 있어야 한다고 생각합니다. 이를 위해서 현재 각 나라에서는 '생명 윤리법'을 제정하여 배아를 이용한 연구에 많은 제약을 하고 있답니다. 자칫하면 사람을 복제할 수도 있기 때문이지요. 앞으로 생명 윤리에 어긋나지 않으면서 인류에게 의료 혁명을 가져다 줄 줄기세포 연구를 기대해 봅니다.

1. 수정과 임신

난소에서 난자 배란 → 수란관에서 수정 → 난할 → 자궁에 착상 → 태아 → 분만

2. 월경

28일을 주기로 발달된 자궁벽이 탈락하는 현상이다.

3. 인공 수정

여성의 자궁 내에 기구를 통해 정자를 넣어주는 수정 방법이다.

4. 시험관 아기 시술

난자와 정자를 채취하여 시험관 내에서 수정시켜 발생시킨 후 수정란을 자궁벽에 이식하여 아기를 얻는 시술 방법이다.

5. 줄기세포

조직을 만드는 근간 세포이다. 성체줄기세포는 조직을 만드는 중심 세포이고, 배아줄기세포는 기관으로 분화하기 전의 배아세포로 모든 장기로 분화될 수 있다.

프랑켄슈타인 괴물이 가능할까?

장기 이식

> 그의 모습을 아름답게 만들기 위해 재료들을 엄선했는데, 누가 이 모습을 아름답다고 하겠는가? 맙소사! 그의 누런 피부 밑으로는 근육과 그 밑의 혈관들이 다 보일 지경이었고, 윤기 나는 검은 머리칼은 길게 늘어져 있었다. 이는 진주처럼 희었다.
> 그러나 이 멋진 이는 희끗희끗한 암갈색 눈자위와 거의 같은 색깔의 눈물어린 눈, 주름진 얼굴, 일직선을 이루고 있는 검은 입술과 더 끔찍한 대조를 이룰 뿐이었다.
>
> 《프랑켄슈타인》 중

메리 셸리가 1818년(당시 19세)에 발표한 이 소설은, 오늘날에도 생명 창조나 부모의 의무, 과학 기술의 발전에 대한 책임감 등을 생각하게 합니다. 이 소설은 형식이나 내용에서 공상과학 소설의 원조로 알려져 있어 지금도 많은 사람들이 읽는 고전입니다.

빅토르 프랑켄슈타인은 대학에서 화학 등의 자연 과학을 열심히 연구하여 생식과 생명의 원인을 발견하는 데 성공합니다. 그는 불같은 열정으로 여러 시체에서 신체의 각 장기

메리 셸리 Mary W.Shelly
1797~1851
저명한 사회학자인 윌리엄 고드윈의 딸로 영국 런던에서 태어났다. 아버지의 영향으로 세련되고 분방하게 자라 1814년 시인 퍼시 셸리를 만나 1816년 결혼하였고, 시인 바이런과 교유하기도 하였다. 대표작으로 《프랑켄슈타인》, 《페르가》, 《최후의 인간》 등이 있다.

와 뼈를 모아 조합하여 약 8피트(2m 40cm)에 이르는 거인을 창조합니다. 그러나 생명을 얻은 거인의 흉측한 모습에 놀란 프랑켄슈타인은 거리로 뛰쳐나와 버렸고, 그 사이 거인이 사라지면서 불행은 시작됩니다.

2년 뒤, 동생 윌리엄을 살해하고 자신과 함께 살아갈 여자 괴물을 만들어달라는 괴물의 요구. 약속의 거절에 따른 친구의 죽음과 결혼식 전날 밤 신부 엘리자베트와 아버지의 죽음… 결국 프랑켄슈타인은 증오와 복수심만으로 원수인 괴물을 추격하다가 북극에까지 이르러 죽음을 맞이하게 됩니다.

그의 주검 옆에 괴물이 나타나 창조자에 대한 예의를 표하고, 괴물은 뗏목을 타고 얼음 속으로 사라져 갑니다. 소설 가득 괴물이 자기를 만든 창조자와 만나는 사람들에게 따뜻한 사랑과 관심을 갈구하는 장면은 참으로 애처롭기까지 합니다.

이 소설에서는 여러 사람의 장기를 모아 사람의 형상을 만들고 이 괴물에게 생명 현상을 불어넣는 과정 등은, 단순한 문학적 상상력만으로 넘어가긴 했지만 200년이 지난 지금은 어느 수준에 와 있을까요? 생명 현상은 아직까지 인류가 알 수 없는 영역이라고 생각합니다. 괴물을 만들 때의 장기 결합, 즉 여러 장기를 이식하여 조합할 때 어떤 문제점이 일어날 수 있는지, 그런 괴물의 탄생이 가능한지를 알아볼까요?

영화 〈프랑켄슈타인(1931)〉

합성 인간은 불가능하다

프랑켄슈타인이 만든 괴물인 합성 인간은 문학적인 상상일 뿐, 현대의 과학으로도 실현이 불가능합니다. 왜냐하면 의술이 발달하고 생명 공학이 발달한 지금에도 서로 다른 사람의 조직을 붙여 합성하기란 매우 어려운 일이기 때문입니다.

이것은 부분적으로 행해지고 있는 장기 이식을 생각해보면 쉽게 이해할 수 있습니다. 장기 이식은 아무에게나 할 수 있는 것이 아니라 엄격한 검사 결과, 면역 거부 반응이 없어야 이식 가능한 일이기 때문이지요.

간암을 앓고 있는 환자에게 간을 이식한다든가, 백혈병 환자에게 골수 이식을 한다든가, 망막을 이식하는 등의 장기 이식은 장기를 주고받는 두 사람의 면역 체계가 같아야 수술이 가능합니다.

따라서 프랑켄슈타인이 합성한 괴물의 신체는 여러 사람

의 장기를 합성한 것이므로 여러 사람의 면역학적 장애를 동시에 넘기기란 거의 불가능한 것이지요.

우리 몸은 다른 사람의 조직을 거부한다

우리 인체는 외부의 침입자로부터 자신을 보호하기 위해 복잡한 방어체계를 가지고 있습니다.

우선 피부 등으로 외부의 세균 등이 침입하지 못하게 막고, 몸으로 들어온 낯선 세균이나 바이러스 등을 퇴치하기 위해 복잡한 면역계를 가지고 있습니다. 이런 면역 반응은 박테리아나 균류, 바이러스 등을 알아내어 파괴하거나 무력화시켜 우리가 병에 걸리는 것을 막아주지요.

그런데 이런 면역 기능이 다른 사람의 세포나 장기가 우리 몸속에 들어오면, 면역계는 이것을 알아차리고 공격하여 파괴해 버립니다.

더구나 다른 종의 세포나 장기를 우리 몸속에 들여올 때는 훨씬 심하고 다양하게 공격을 합니다. 이런 현상을 면역 거부 반응이라고 합니다.

면역 거부 반응의 종류

면역 거부 반응은 초급성 거부 반응, 지체 거부 반응, 만성 거부 반응 등으로 나타납니다.

면역 반응

몸을 이루는 세포들의 표면에는 그 사람만이 가지는 단백질과 당으로 이루어진 많은 꼬리표가 있다. 이 꼬리표를 달고 있지 않은 낯선 세포가 인식되면 우리 몸의 면역 체계가 발동된다. 우리 몸에는 세포에 의한 세포성 면역과 체액에 의한 체액 면역의 두 가지 면역 체계가 있다.

세포성 면역은 대식 세포와 T-세포에 의해 일어나는데, 대식 세포는 낯선 세포를 삼켜 소화시켜 버리는 세포이고, T-세포는 낯선 세포를 기억하기도 하고 삼켜버리는 식균 작용을 하기도 한다. T-세포는 흉선에 의해 분화되는 림프구로서 대표적인 것이 백혈구이다.

후천성 면역 결핍증으로 알려진 에이즈(AIDS) 바이러스는 이 T-세포를 무력화시키므로 면역 체계가 무너지게 한다. 따라서 단순한 감기 바이러스에도 AIDS 환자는 목숨을 잃을 수 있는 것이다.

> **대식 세포**
>
> 동물의 모든 조직에 있으면서 몸 안으로 들어온 이물질이나 세균, 바이러스, 오래된 세포 등을 감싸서 소화시키는 세포로, 아메바 운동을 한다.
>
> **T-세포와 B-세포**
>
> 림프구 중에서 흉선을 거쳐 생성되는 림프구를 T-세포, 흉선을 거치지 않고 골수에서만 생성되는 림프구를 B-세포라 한다. T-세포는 항원을 직접 공격하기도 하고, B세포를 활성화시켜 항체를 생산하게도 한다.

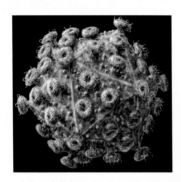

에이즈 바이러스

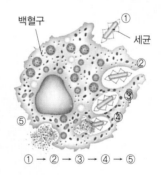

식균작용

체액성 면역 체계는 항체에 의해 주로 이루어진다. 항체는 단백질의 일종으로 혈액이나 림프액 속에 존재하면서 침입자의 활성 부위와 결합하여 침입자(이를 '항원'이라 한다.)가 활동하지 못하게 한다. 마치 침입자의 칼에 칼집을 씌우듯이 작용하여 칼의 예리함을 없애버리는 것과 같은 것이다.

> **항원과 항체**
>
> 항원은 세균이나 바이러스 등의 병원체나 조직과 다른 단백질 등을 말하고, 항체는 항원에 대항하기 위해 생성되는 단백질로, 항원을 응집·용해·침강시키는 물질이다.

또 우리 몸의 혈액이나 림프액 속에는 여러 가지 단백질로 이루어진 보체가 있는데, 이 보체들은 항체가 침입자를 죽이는 데 도움을 준다.

보체 단백질들은 백혈구나 항체를 낯선 세포 주위로 유인하거나 단백질들끼리 서로 상호 작용하여 막 공격 복합체를 만들어 세포 속으로 파고들어가 구멍을 낸다. 그렇게 되면 세포 속으로 액체가 밀려들어가 세포가 터지게 된다.

> **항원과 항체의 반응**
> 특정 항체는 특정 항원에만 작용하여 무력화시킨다. 이를 항체의 특이성이라 한다.

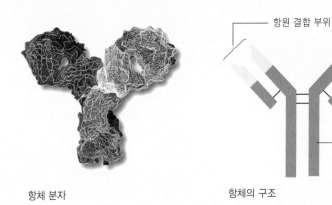

항체 분자

항체의 구조

항원 결합 부위

짧은 사슬

긴 사슬

┃초급성 거부 반응

장기 이식 수술 후 보체에 의한 면역 거부 반응으로 수분에서 1시간 이내에 신속하게 일어나 장기를 파괴하기 때문에 초급성 거부 반응이라고 합니다.

초급성 거부 반응은 사람끼리의 조직 사이에서는 비교적 잘 일어나지 않으나, 다른 동물의 장기를 이식하는 경우에 일어나는 것으로 알려져 있습니다.

┃지체 거부 반응

보체 없이 항체에 의해서 일어나는 거부 반응으로, 대식 세포와 킬러 세포 등의 면역 세포에 의해 일어납니다.

▌만성 거부 반응

이식 후 몇 달 또는 수년 후에 나타나므로 그 원인을 아직 잘 모르고 있습니다. 장기 이식의 실패 원인 가운데 약 5% 정도를 차지하지만 아직까지는 치료 방법이 없습니다.

이식할 장기가 부족하다

장기 이식은 장기가 손상된 최종 단계에서 선택할 수 있는 마지막 수단입니다. 심장이 손상되어 다른 사람의 심장을 이식받기 위해서는 심장을 주는 사람은 결국 죽어야 하니까요.

자기 목숨을 버리면서 다른 사람에게 심장을 줄 수 있는 사람은 몇이나 될까요. 따라서 장기를 제공할 수 있는 사람은 뇌사자 등 아주 극소수일 뿐입니다. 두 개씩 있는 신장 등의 장기 중 하나를 이식하거나 간의 일부를 이식하는 수술은 많이 행해지지만 이 경우에도 면역 거부 반응이 없는 사람을 골라 수술해야 하므로 그 확률은 낮을 수밖에 없습니다. 절대적으로 부족한 장기를 해결하기 위해 장기를 기증하는 사회 운동이 한창이지요. 그 중 대표적인 곳이 사랑의 장기 기증 운동본부예요.

사랑의 장기 기증 운동본부
www.donor.or.kr
난치병 환우들에게 건강한 장기를 기증함으로써 새 생명을 찾아주자는 실천적인 생명나눔운동을 위해 1991년 1월 22일 창립되었다.

상황별 기증 장기
뇌사 시 : 심장, 신장, 간, 췌장, 폐, 각막, 피부, 조직 등
사후 : 시신, 조직, 각막
생존 시 : 골수, 신장, 간, 혈액

인공 장기와 인체 부품 시대

전문가들에 따르면 나노 기술 등 첨단 기술의 발전으로 인공 심장, 인공 신장, 인공 망막, 인공 관절, 인공 피부, 인공 혈관 등 우리 몸의 약 50군데 정도가 인공 장기나 조직으로 대체할 수 있다고 한다. 따라서 미래에는 우리 몸속의 장기를 시기별로 교체할 수 있는 인체 부품 시대가 올지도 모른다. 현재 개발된 인공 장기에는 어떤 것이 있는지 대표적인 인공 장기에 대해 알아본다.

1. 인공 관절

인공 관절은 인공 장기 분야 중에서 가장 보편화되어 있다. 세라믹이나 금속 재료를 이용한 인공 관절은 세계적으로 200여 가지의 다양한 수술이 이루어지고 있다. 문제는 인공 관절의 수명이 10년에서 15년 정도로 짧은 것이다. 인공 관절을 시술 받는 환자들의 평균연령이 50대인 점을 감안할 때 적어도 수명이 20년 이상은 되어야 한다. 따라서 보다 새로운 생체 재료의 개발이 이루어져야 한다.

2. 인공 심장

기능이 떨어졌거나 악화된 심장 대신에, 생체 내에 기계적으로 장치하여 전신 순환을 영구적으로 가능하도록 하는 인공 장기다. 현재 인공 좌심실 보조 심장과 완전 인공 심장 등이 있다.

3. 인공 신장

인공 신장은 1943년 콜프가 셀로판지로 반투막을 만들어 환자에게 사용하면서 처음 실용화되었다. 투석액으로 정상인의 혈액과 비슷한 전해질 용액을 사용하면 셀로판 반투막을 통해 노폐물이 걸러져 환자의 혈액이 정상화되는 원리이다.

4. 인공 망막

현재 백내장 환자들에게 시술하는 인공 수정체는 이미 보편화되어 있지만, 인공 망막은 아직 기술 수준이 미비하다. 하지만 안구 속에 나노 단위의 미세한 실리콘 칩을 넣은 인공 망막 시스템을 이용해 시력을 잃은 사람들이 눈을 뜰 수 있는 기술이 등장해 희망을 불어넣고 있다.

5. 인공 피부

화상으로 인해 심하게 손상된 피부를 복원해 주는 인공 피부에 대한 연구도 활발하게 진행되고 있다. 인공 피부는 자신이나 다른 사람의 피부를 이식하는 방법과 줄기 세포를 이용해 인체의 근육 세포나 피부 세포를 얻는 방법이 있다.

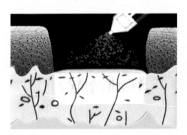

우리나라 원자력의학원 손영숙 박사 팀에 의해 개발된, 자기 세포를 이용한 뿌리는 인공 피부 치료제

6. 인공 혈액

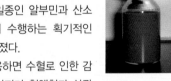

최근 일본에서 인공 혈액이 개발되어 관심을 끌고 있다. 이 인공 혈액은 단백질의 일종인 알부민과 산소 운반 기능까지 수행하는 획기적인 혈액으로 알려졌다.
이 혈액을 이용하면 수혈로 인한 감염 걱정도 없어지며 혈액형과 상관없이 수혈이 가능해진다. 미국에서도 헤모글로빈을 가공한 인공혈액이 등장했지만 혈압이 높아지는 부작용이 있어서 실용화되지 못했다.

돼지의 장기를 이식할 수 있는 날이 올지도 모른다

이식에 필요한 장기가 절대적으로 부족하고, 또 뇌사자나 무뇌아 등의 장기 이식을 꺼리는 분위기 등이 있어 과학자들은 인공 장기나 동물의 장기 이식에 대해 연구하고 있습니다.

인공 장기는 크기와 동력의 문제가 쉽게 해결되지 않아 크게 발전하지 못하고 있습니다. 동물의 장기는 크기와 기능이 사람의 것과 비슷하기도 하고 동력원도 필요 없으나, 면역 거부 반응과 전염병이 가장 큰 걸림돌로 작용합니다.

장기 이식 동물로 무균 돼지가 각광을 받고 있습니다. 여러 종류의 동물 중에서 인간과 비슷한 원숭이나 침팬지 등이 사람과 가까워 쉽게 인간의 장기를 만들 수 있을 것이라 생각하지만, 이런 영장류에게는 사람에게 치명적인 전염병을 옮길 위험이 있다고 합니다. 에이즈(AIDS) 바이러스가 원숭이로부터 사람에게 옮겨진 것이니까요. 그러나 돼지는 아직 이런 바이러스가 발견되지 않았고, 생명윤리적인 면에서도 영장류보다는 유리합니다. 돼지에게도 치명적인 바이러스가 있을지도 모르지만 이는 앞으로 연구해 볼 일입니다.

돼지의 장기 이식이 성공하려면, 첫째 환자의 몸이 돼지의 장기를 거부하는 면역 거부 반응과, 둘째 돼지 바이러스에 인체가 감염될 가능성을 없애는 두 가지 고개를 넘어야 합니다. 조직의 면역 거부 반응을 없애기 위해 사람의 유전자를 넣은 무균 돼지를 키워 장기를 이식하는 유전자 치료 기법에 대해, 많은 연구가 진행되고 있고 전망도 매우 밝습니다.

유전자 이식에 의해 생성된 맞춤형 동물을 대량 생산하면 장기 이식 후 발생하는 거부 반응과 장기 공급 부족을 동시에 해결할 수 있게 되겠지요. 안전하고 부작용이 없는 장기를 생산하는 돼지가 하루 빨리 개발되었으면 좋겠습니다.

내용정리

1. 면역 체계

- 세포성 면역 : 대식세포와 백혈구 등의 T-세포 등에 의한 면역
- 체액성 면역 : 항체와 보체에 의한 면역

2. 면역 거부 반응

다른 사람이나 조직 세포에 대한 면역학적 거부 반응

- 초급성 면역 거부 반응 : 보체 등에 의한 거부 반응
- 지체 거부 반응 : 항체에 의해 나타나는 거부 반응
- 만성 거부 반응 : 다른 조직끼리 서서히 장기간에 걸쳐 나타나는 거부 반응

3. 대체 장기 이식

- 인공 장기 : 크기와 동력원이 문제이다.
- 동물 장기 : 유전자 치료 기법을 이용한 무균 돼지로부터 장기를 생산 이식하는 연구이다.

소용돌이의 비밀

회전 운동

이 물거품 줄기가 마침내 아득히 멀리까지 뻗쳐서 서로 합쳐지더니 앞서 가라앉은 소용돌이는 선회 운동을 계속하여 더욱 커다란 또 하나의 소용돌이를 이루는 모양이었다.

느닷없이–정말 느닷없이–지름 1마일이 넘는, 뚜렷한 원형의 모양을 띤 소용돌이가 나타났다. 이 소용돌이 언저리를 폭넓은 띠 모양으로 반짝거리는 물보라가 둘러싸고 있었지만, 그 가공할 만한 깔때기 모양의 안쪽으로는 물 한 방울 떨어지지 않았다.

깔때기의 안쪽은 눈길이 닿는 한 매끄럽게 반짝이는 흑진주 빛 물벽이었고, 그것이 수평선에서 45도쯤 경사를 이룬 채 눈이 핑핑 돌 만큼 무서운 속도로 몸부림치듯 회전하고 있었다. 그리고 나이아가라 대폭포가 하늘을 향해 울리는 고통의 비명도 당할 수 없을 만큼 몸을 오싹하게 만드는, 반은 절규요, 반은 노호와 같은 무서운 소리를 바람에 실어 보내고 있었다. 산은 그 밑바닥까지 떨리는 듯했고, 바위는 바스러질 정도로 진동했다.

〈소용돌이 속으로 떨어지다〉 중

에드거 앨런 포의 단편 소설 전집

에드거 앨런 포 Edgar Allan Poe

1809. 1. 19~1849. 10. 7
미국의 시인이자 대표적인 추리 소
설 작가. 〈어셔가의 몰락〉, 〈검은 고
양이〉, 〈모르그가의 살인〉, 〈심술궂
은 어린 악마〉, 〈그림자〉, 〈절름발이
개구리〉 등 많은 작품을 남겼다.

'나'는 노르웨이 해안의 높은 산봉우리에서 나를 안내한 노인과 함께 '메일 스트롬'이라고 하는 엄청난 소용돌이를 보게 됩니다. 그리고 노인한테서 고기잡이를 나갔다가 폭풍을 만나는 바람에 깔때기 모양의 엄청난 소용돌이 속에 갇혔다가 구사일생으로 살아나왔다는 이야기도 듣습니다.

엄청난 소음과 함께 빠르게 돌아가는 소용돌이 속에 갇힌 배가 차츰차츰 아래를 향해 내려가는 중에 둥근 물통에 몸을 묶어 소용돌이 물속으로 뛰어들어 살았다는 거지요.

바다의 소용돌이, 태풍의 소용돌이, 용오름의 소용돌이… 우리 주위에는 소용돌이라고 불리는 것이 많습니다. 이런 소용돌이는 어떻게 생기는 것인지 또 이 소용돌이 구조는 어떤 성질을 가졌는지에 대해서 알아볼까요.

조수 간만의 차이로 큰 바다에서 소용돌이가 나타난다

소설에서 묘사하고 있는 소용돌이 '메일 스트롬'은 노르웨이 북서 해안, 즉 노를란(Nordland) 주의 로포텐 지방에서 밀물과 썰물이 드나들 때에 나타나는 바다의 소용돌이입니다.

이 소용돌이는 매우 유명하여, 쥘 베른은 《해저 2만리》에서 노틸러스 호가 '바다의 배꼽'이라 부른 이 소용돌이 속으로 사라졌다고 하였습니다.

이 지역은 항상 밀물과 썰물이 드나들 때 이런 대단한 소용돌이가 생긴다고 합니다. 다만, 밀물과 썰물이 서로 교차하는 약 15분간만 이런 현상이 일어나지 않는다고 하네요. 그야말로 대단한 바다가 아닐 수 없습니다.

바다의 소용돌이

소용돌이는 어떻게 생성되는 것일까?

소용돌이는 물이나 공기 등과 같이 흐르는 성질이 있는 물체, 즉 유체에서 일어납니다.

가장 쉽게 관찰할 수 있는 소용돌이는 컵에 담긴 물을 중심에서 막대로 빠르게 저어 만들어 내는 것입니다.

즉, 컵 속의 물이 회전할 때 생기는 원심력의 작용으로 회전하는 물이 바깥쪽으로 밀리는 힘을 받아 컵의 가운데는 비게 되고 물은 컵 표면을 따라 돌면서 소용돌이가 보입니다.

> ☀ **원심력**
>
> 물체는 회전하는 방향으로 튀어 나가려는 힘을 가지고 있는데, 이 힘을 원심력이라고 한다. 빠른 속도로 회전할 때 우리 몸이 회전하는 방향으로 쏠리게 되는 경우를 생각해 보면 쉽게 이해할 수 있다. 회전 중심으로부터 멀어질수록 원심력은 커진다. 회전목마를 탈 때, 바깥쪽 말을 탄 사람이 안쪽 말을 탄 사람보다 더 큰 원심력을 느끼게 된다.

물의 중앙에 공기 기둥이 생기고, 물의 깊이에 따른 수압의 차이에 의해 수압이 작은 위쪽의 공기 기둥은 넓어지고, 수압이 큰 아래쪽은 좁아지게 되어 전체적으로 깔때기 모양을 이룹니다.

바닷물이 조수 간만의 차로 빠르게 흐르다가 암초나 바위 등의 장애물을 만날 경우, 물의 흐르는 속도가 부위에 따라 차이가 나면서 물이 회전을 하게 되어 거대한 소용돌이로 발전하는 경우가 많습니다.

마치 달리던 자동차의 한쪽 바퀴에만 브레이크를 걸어 제동하는 것과 같은 원리이지요. 그 자동차는 제동을 건 바퀴 방향으로 빙글빙글 돌지 않겠어요?

욕조에서 배수구로 물이 빠질 때도 깔때기 모양의 소용돌이가 형성되지요. 욕조의 배수구로 물이 빠질 때 배수구 쪽으로 흘러가는 물의 흐름이나 배수구의 부분에 따라 흘러나가는 물의 양 차이로 인해 어느 한쪽 편에 많은 물이 접근하게 됩니다. 이 미세한 흐름 속도 차이가 물에 회전 운동을 가져오게 됩니다.

이때, 물이 배수구를 향해 밀려갈 때 회전 반경이 줄어들면서 회전 속도가 끊임없이 증가하지요. 회전하던 물이 배수구로 빠져 나오면 배수구 위쪽의 물 표면이 꺼지게 되고, 이 꺼진 부분은 빠른 속도로 나선형인 깔때기 모양으로 바뀌게 됩니다.

그리고 물이 모두 빠질 때까지 소용돌이가 유지되는 것은 물을 배수구로 끌어당기는 중력, 배수구 쪽으로 몰려드는 물의 압력, 그리고 물이 회전하면서 바깥쪽으로 작용하는 원심력이 서로 균형을 이루면서 안정된 상태를 이루기 때문입니다. 소용돌이 나선형의 깔때기 내부의 압력은 주변보다 낮으므로 물이 계속 배수구 쪽으로 몰려들게 합니다.

소용돌이의 종류와 성질

가장 일반적인 소용돌이는 원기둥 모양의 소용돌이로서, 중심에 마치 고체 막대와 같은 회전 부분이 있고, 그 주변에는 소용돌이에 끌려가듯 움직이는 물이나 공기 등의 유체 부분이 돌고 있습니다.

가운데의 회전하는 부분을 강제 소용돌이, 끌려가는 부분을 자유 소용돌이라 하는데, 자유 소용돌이는 소용돌이와 더불어 움직이는 부분일 뿐입니다.

강제 소용돌이 부분에서 압력이 갑자기 낮아지므로 주변의 유체가 중심을 향해 말려들 듯이 끌려가고 있는 것입니다.

소용돌이는 물이나 공기 등의 회전이 한 군데에 집중되어 있어 뚜렷이 보일 경우도 있지만, 넓은 범위에 퍼져 있어서 눈에 보이지 않을 경우도 있습니다. 또 형태도 여러 가지여서 회전축이 똑바로 서 있는 것도 있고, 담배 연기 고리나 기선이 뿜는 연기처럼 회전축이 고리 모양으로 되고 그 둘레를 유체가 돌고 있는 링 소용돌이 같은 것도 있습니다.

공기나 물속에서 물체가 움직일 때 또는 그 반대로 공기나 물이 물체를 지나갈 때 그 속도가 어떤 크기에 이르면 그 물체 뒤에 서로 반대 방향의 소용돌이가 번갈아 나타나 규칙적으로 2열로 늘어섭니다. 이러한 소용돌이를 카르만 소용

카르만 소용돌이

물체를 끈으로 묶고 빙빙 돌리면 윙윙 소리가 난다. 이 것은 돌아가는 물체 뒤에 소용돌이가 생겨 공기의 파동을 일으키기 때문이다. 바람이 세게 불 때 나무에서 소리가 나는 것도 이 소용돌이가 생성되기 때문이다. 자동차나 비행기, 물고기 등의 모양이 유선형인 것은 이 카르만 소용돌이를 최소화시키는 구조이다. 카르만 소용돌이가 크게 일어나면 물체를 끌어당기는 효과, 즉 항력이 발생하여 속도를 떨어뜨린다.

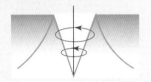

소용돌이의 기본형

유체의 속도를 세로축, 소용돌이 중심으로부터의 거리를 가로축으로 한 그래프

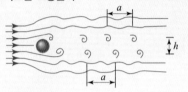

카르만 소용돌이

소용돌이 열 사이의 간격을 h, 한 소용돌이의 거리를 a 라 할때, $h/a ≒ 0.3$일 경우에 소용돌이의 열이 안정을 이룬다.

돌이라 합니다.

　이 경우 소용돌이 간의 거리와 열 간격이 일정하며, 1초 동안의 소용돌이 발생수가 물체의 크기와 속도에 따라 결정되는 등 일정한 법칙성이 있습니다. 센 바람이 불 때 전선이 윙 하는 소리를 내는 것은 전선 뒤에 이런 종류의 소용돌이가 생겨 전선이 번갈아 소용돌이의 중심부로 끌려 진동하기 때문입니다.

　1940년대 미국에서 최고의 기술로 만들어진 다리가 붕괴되었는데, 그 원인이 불어오는 초속 10m의 바람 때문으로 밝혀졌습니다. 다리를 통과하는 바람이 다리 뒤편에 다리의 진동수와 같은 소용돌이를 만들어 진폭이 커진 것이지요. 카르만 소용돌이의 주파수와 물체가 갖는 고유 주파수가 일치하면 진폭이 무한대로 커지기 때문이랍니다.

명량해협에도 소용돌이가 많이 생긴다

이순신 장군은 명량해전에서 왜적을 무찌를 때 명량 해협(울돌목)의 빠른 물살을 이용하였습니다. 명량해협은 바닷물의 흐름, 즉 속도가 초속 약 5.5m(시속 약 20km) 정도로 매우 빠른 데다 암초가 있어 소용돌이가 많이 생기는 지역이랍니다.

우리 선조들은 이 지역으로 물이 흐를 때 소리를 낸다 하여 명량해협(울 鳴, 들보 梁, 바다 海, 골짜기 峽) 또는 우리말로 울돌목이라 했지요.

배 12척으로 133척의 왜군의 배를 빠른 물살과 쇠사슬로 가두어 두고 화포 공격으로 대첩을 거두어 정유재란에서 승기를 잡게 된 전투였지요.

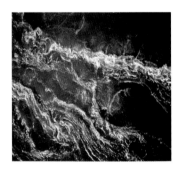

명량해협
전남 해남군 화원반도와 진도 사이에 있는 해협으로 울돌목이라고도 한다.

명량해협 소용돌이의 원리

태풍도 소용돌이 구조를 가진다

태풍의 소용돌이

태풍이 생기는 곳은 북반구의 북동무역풍과 남반구의 남동무역풍이 만나는 북태평양 지역입니다. 태풍이 만들어지려면 충분한 열에너지와 수분, 그리고 적당한 회전력이 갖추어져야 합니다.

적도를 내리쬐는 태양이 바닷물을 증발시켜 수증기를 만들고, 그 수증기가 물방울로 변할 때 열(잠열)이 발생합니다. 이런 조건을 갖추려면 해수면 온도가 27℃ 이상이 되어야 하지요.

태풍의 회전력은 지구의 자전으로 인해 발생하는 전향력(코리올리 힘) 때문에 생깁니다. 태풍은 저기압이기 때문에 이상적으로는 바람이 중심부를 향해 일직선으로 불지만 전향력 때문에 부는 방향이 계속 오른쪽으로 휘게 돼, 결국 반시계 방향의 나선 모양이 됩니다.

우리나라와 같은 중위도 지역에 있는 나라는 편서풍의 영향을 받고 있습니다. 따라서 우리나라에서 대부분의 바람은 서쪽에서 동쪽으로 붑니다(중국에서 황사가 발생하면 우리나라가 황사 피해를 크게 보는 이유도 편서풍 때문이랍니다). 그리고 우리나라 쪽으로 이동하는 태풍은 전향력 때문에 오른쪽으로 휘게 됩니다.

그러므로 동쪽으로 향하는 편서풍과 전향력 때문에 오른쪽인 동쪽 방향으로 휘는 태풍의 방향이 일치하는 곳은 태풍이 더욱 강해집니다. 따라서 우리나라에서는 서쪽 지방보다는 동쪽

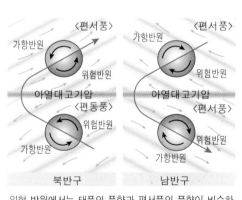

위험 반원에서는 태풍의 풍향과 편서풍의 풍향이 비슷하여 풍속이 더 증가하고, 가항 반원에서는 태풍의 풍향과 편서풍의 바람이 서로 상쇄되므로 태풍의 세기는 비교적 약하다.

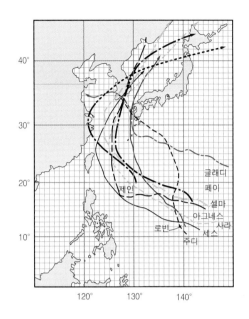

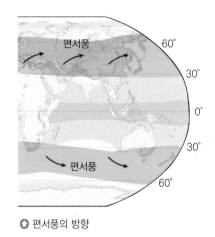

○ 편서풍의 방향

○ 우리나라를 지나가는 태풍은 전향력 때문에 대부분 오른쪽으로 휜다.

지방이 태풍의 피해를 훨씬 많이 받습니다.

　태풍이 불 때마다 오른쪽 지역에 있는 강원도 지방이 큰 피해를 입는 것도 이러한 이유 때문이지요. 또한 1959년의 사라 호와 1987년의 셀마 호는 경남 내륙 지방을 통과하였는데 부산, 진주를 포함한 경남 해안 지방에 막대한 피해를 준 것은 바로 위험 반원에 놓여 있었기 때문이었어요. 그리고 1995년 7월 23일 충무, 여수를 통과한 태풍 패이는 시속 35km의 빠른 속도로 북상하면서 위험 반원에 놓였던 진주, 산청 등지에 많은 피해를 주었는데, 주로 비보다는 강풍에 의한 피해가 더 심했다고 합니다.

　그리고 같은 이유로 우리나라 해역에서는 태풍이 다가오면, 배는 태풍의 왼쪽으로 이동해야 강한 폭풍을 피할 수 있습니다. 그래서 기상학자들은 태풍의 왼쪽 부분을 가항 반원이라고 부르고, 오른쪽 부분을 위험 반원이라고 합니다.

여기서 잠깐!

전향력

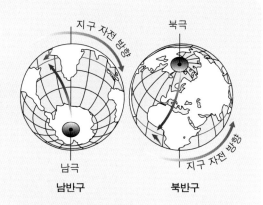

전향력은 지구가 자전하기 때문에 생기는 힘으로, 코리올리가 발견하여 코리올리 힘이라고도 한다.

우리나라에서 로켓을 쏘아 올린다고 했을 때 로켓은 수직 방향으로 이동하지만, 지구가 반시계 방향으로 자전하기 때문에 땅에서 보기에는 로켓이 오른쪽으로 휘어가는 것처럼 보인다.

이처럼 지구의 자전으로 인해 물체에 작용하는 힘을 전향력이라 부르는데, 전향력 때문에 운동하는 물체가 북반구에서는 오른쪽으로, 남반구에서는 왼쪽으로 치우치는 모습이 관찰된다.

전향력 때문에 바다의 해류는 북반구에서는 오른쪽인 시계 반대 방향으로, 남반구에서는 왼쪽인 시계 방향으로 회전한다.

또한 화장실의 물이 우리나라와 같은 북반구에서는

전향력의 방향 전향력 때문에 모든 물체가 북반구에서는 오른쪽으로, 남반구에서는 왼쪽으로 향한다.

시계 반대 방향으로 회전하면서 빠져나가고, 뉴질랜드와 같은 남반구에서는 시계 방향으로 회전하면서 빠져나가는 현상도 전향력 때문이다.

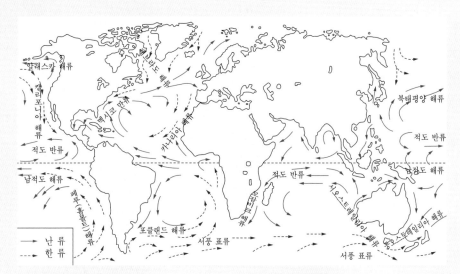

해류의 방향 전향력 때문에 해류는 북반구에서는 시계 반대 방향으로, 남반구에서는 시계 방향으로 운동한다.

울릉도 앞바다의 용오름

토네이도를 우리나라에서는 용이 하늘로 올라가는 것 같다 하여 '용오름'이라고 부릅니다. 용오름, 즉 토네이도는 미국에만 있는 것이 아니라 우리나라에서도 지난 40년 동안 모두 13회 발생한 것으로 기상청에 보고되어 있습니다.

용오름의 소용돌이

용오름 현상은 대기 아래층의 공기가 고온다습하고 위층의 공기가 차갑고 건조할 때, 아래 부분의 따스한 공기가 부력에 의해 상승해 적란운이 발생하면서 시작됩니다. 적란운은 대기의 하층부터 대류권 끝까지 아주 높고 깊게 발달하고, 그 안에서는 상승 기류가 생겨납니다. 공기가 위로 상승하면 그 속의 수증기가 물방울로 변하면서 많은 열을 내놓습니다. 이 열을 잠열 또는 숨은열이라 하지요.

여기서 잠깐!

잠열 潛잠 : 숨다/熱열 = 숨은열

물질은 상태 변화에 따라 품고 있는 열이 다르다. 물을 끓이고 있는 주전자를 생각해 보자. 주전자의 뚜껑을 열면 흰 김이 올라오는데, 이 김은 수증기가 물방울로 변한 것으로 매우 뜨겁다. 왜냐하면 수증기라는 기체 상태가 김이라는 액체 상태로 될 때 많은 열을 내놓기 때문인데, 즉 수증기가 많은 양의 숨은열(잠열)을 지니고 있는 것이다. 25°C 수증기 1g이 같은 25°C의 물이 될 때에는 583 cal의 숨은열을 내놓는다. 물을 끓여 기체 상태인 수증기로 만들 때에는 반대로 열을 가해 주어야 한다.

수증기가 되어 밖으로 나오니 좋군. 그렇다면 냉기와 만나 물방울로 변해야지.

우리는 물방울들. 우리가 모여 다시 물이 되죠.

나는 물. 그런데 불이 나를 끓게 만드는군… 그럼 난 수증기로 변할 수밖에…

나는 불! 물을 끓게 하죠.

숨은열의 방출로 인해 적란운 안에서 빠르게 공기가 상승하면 주변의 공기는 그 자리를 채우기 위해 마치 진공청소기에 빨려 드는 것처럼 초속 수십 미터의 빠른 속도로 적란운 속으로 빨려 들어가게 됩니다. 공기가 상승할수록 기압이 낮아지면서 팽창하기 때문에 온도가 내려갑니다. 따라서 공기 중의 수증기는 빠른 속도로 물방울로 변하면서 구름이 됩니다. 이것이 깔때기 모양을 이루는 것이지요.

이 깔때기 모양의 구름은 적란운에서 조금씩 아래로 내려와 마침내 바다 표면이나 땅에 닿게 되는데, 이를 '터치다운'이라 합니다. 터치다운이 일어나는 곳에서는 흙이나 먼지, 또는 바다의 물방울이 휘감겨 올라갑니다. 용오름 현상은 적란운과 지표 사이에 생기는 깔때기 모양의 회전하는 구름기둥을 가리키는 것입니다. 바다에서 발생하는 용오름을 물기둥으로 생각하기 쉽지만, 이는 물기둥이 아니라 구름 기둥입니다. 우리나라에서는 용오름에 의한 피해가 그렇게 크지 않지만 미국에서는 강력한 용오름, 즉 토네이도에 의해 큰 피해를 입고 있지요. 강력한 토네이도는 기차의 객차를 날려 보낼 정도로 위력이 큽니다.

토네이도 강력한 위력의 용오름

소용돌이 구조엔 어떤 비밀이 있을까?

우리 주변에는 소용돌이 구조가 참 많습니다. 우리들이 살펴본 바다의 소용돌이, 하수도 구멍으로 물이 빠질 때 생기는 소용돌이, 태풍과 용오름의 소용돌이 이외에도 우주의 은하나 심지어는 고둥의 모습도 나선형의 소용돌이 구조를 이루고 있습니다.

왓슨에 의해 비밀이 드러난 DNA 사슬도 두 개의 사슬이 나선형 모양으로 서로를 휘감고 있는 형태입니다. 과학자들의 추론에 따르면 블랙홀도 모든 것을 빨아들이는 홀을 중심으로 에너지가 나선형 모양으로 소용돌이치는 모습이라고 합니다.

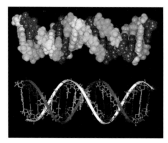

DNA의 나선형 구조

소금쟁이가 물 위를 다닐 수 있는 것도 다리로 노를 젓듯이 수면을 휘저어 작은 소용돌이를 만들기 때문이고, 새도 꼬리와 날개가 진행 방향과 반대쪽으로 소용돌이를 만들기 때문에 자유롭게 날 수 있다고 합니다. 또 축구선수의 멋진 바나나킥이나 투수의 낙차 큰 커브도 공 주위에 무수히 생기는 공기 소용돌이가 만들어낸 작품입니다.

새는 한 번의 날갯짓마다 공기 중에 한 개의 소용돌이를 만든다.

소금쟁이의 가운데 다리가 물 위를 지나가면서 물 밑으로 U자 모양의 소용돌이를 만든다.

물고기 꼬리가 좌우로 움직이면서 지그재그 모양의 체인처럼 연결된 소용돌이를 만든다.

과학자들은 소용돌이 모양, 즉 나선형의 모양이 무질서해 보이지만, 그 속에 일정한 규칙이 숨어 있고 그 규칙을 찾아낼 수 있다고 믿고 있습니다. 소용돌이 모양 속에 우주와 생명의 가장 기본적인 속성이 숨어 있을지도 모르지요.

내용정리

1. 소용돌이

나선형 모양으로 중심에 회전하는 강제소용돌이가 있고, 그 주변에는 끌려가는 부분, 자유소용돌이가 있다.

2. 소용돌이의 종류

- 소용돌이 : 바다, 태풍, 배수구 등에 생성되는 가장 일반적인 소용돌이
- 링 소용돌이 : 담배 연기처럼 동그란 링을 이루어 회전하는 소용돌이

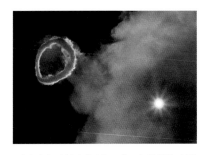

이탈리아 시실리에 있는 에트나 활화산이 링 모양의 연기를 내뿜고 있다.

- 카르만 소용돌이 : 공이나 기둥 모양의 물체가 움직일 때 물체 뒤에 생기는 2열의 규칙적인 소용돌이

3. 태풍

북태평양에서 발달하는 저기압으로, 많은 수증기와 에너지를 품어 강한 바람과 많은 비를 내리게 하며, 반시계 방향의 소용돌이 구조를 이루고 있다.

4. 용오름

토네이도라고도 하며, 적란운 속의 상승 기류가 회전력을 가질 때 생성되는 구름 기둥이다.

5. 소용돌이 구조

은하 · DNA · 태풍 · 용오름 · 고둥 등 자연의 다양한 곳에서 일반적으로 나타나는 구조이다.

포탄 타고 달나라로

지구 탈출 속도

"여러분도 다 알다시피 탄도학은 요즘 장족의 진보를 이룩했고, 전쟁이 계속되었다면 대포의 완성도는 훨씬 높아졌을 겁니다. 좀 과장해서 말하면, 대포의 내구력과 화약의 폭발력은 거의 무제한이라는 것도 여러분은 알고 있습니다. 나는 이 사실을 출발점으로 삼아 필요한 내구력을 보장하도록 만든 강력하고 거대한 대포를 이용하면 포탄을 달나라까지 쏘아 보낼 수 있지 않을까 하고 생각하기 시작했습니다." … (중략) …

"끝으로 … " 바비케인이 침착하게 말했다. "나는 결단력을 가지고 이 문제에 접근했고, 가능한 모든 각도에서 이 문제를 검토했습니다. 논란의 여지가 없는 계산을 바탕으로 해서 나는 정확하게 겨냥된 포탄이 12km/s의 초속도(발사 순간의 속도)로 날아가면 달에 도달할 수 있다는 결론에 이르렀습니다. 존경하는 동지 여러분, 나는 그 작은 실험을 해보자고 정중하게 제안하는 바입니다!"

《지구에서 달까지》 중

1865년에 발표된 《지구에서 달까지》는 미국을 배경으로 한 작품입니다. 미국에서 남북 전쟁이 끝나는 바람에 대

포의 개발 명분을 잃어버린 대포 클럽 회원들은 따분한 일상에 빠져 있었지요. 이때, 대포 클럽의 회장인 바비케인이 새로운 사업을 제안합니다.

바비케인 회장은 자신들이 대포를 만들었던 솜씨를 활용하여 포탄에 사람을 태우고, 이를 대포로 발사하여 달나라에 보내겠다는 야심찬 계획을 대중에게 발표하여 세계적인 홍밋거리로 만들지요.

그 후 바비케인 회장을 비롯한 대포 클럽의 회원들은 각 분야의 전문가들의 도움을 받아 어떻게 하면 사람을 태운 포탄을 달나라에 보낼 수 있는지를 연구합니다. 그들은 포탄은 언제 어디서 발사할 것인가? 대포와 포탄은 얼마나 크게, 어떤 재료로 만들 것인가? 대포는 어떻게 발사할 것인가? 지구인들이 달에 접근하는 포탄의 궤적을 추적할 수 있게 하려면 어떤 종류의 망원경을 어디에 설치하는 것이 좋은가? 등등의 문제를 하나하나 해결하면서 결국에는 포탄을 발사하기에 이르지요. 포탄은 성공적으로 발사되어, 포탄이 달의 위성이 되어 달 주위를 돌고 있는 것을 여러 사람이 관측하는 것으로 소설은 끝을 맺습니다.

뉴턴의 산

《지구에서 달까지》는 19세기를 대표하는 훌륭한 과학 소설입니다. 소설에는 과학, 특히 물리학과 관련된 많은 이야기들이 소개되고 있는데, 그 내용을 모두 다룰 수는 없어 사람이 탄 포탄이 지구의 중력을 이기고 달에 가기 위해서는 어떻게 해야 하는지에 초점을 맞추어 말하고자 합니다.

과연 소설 속의 이야기처럼 거대한 대포를 만들고, 화약을 넣어 포탄을 발사하면 달나라 여행을 할 수 있을까요?

쥘 베른이 사람을 태운 포탄을 달에 보낼 수 있다는 아이디어는 영국의 물리학자 뉴턴으로부터 얻었을 것으로 확신합니다. 왜냐하면 지금도 로켓이나 우주 왕복선이 지구를 탈출하여 외계로 나아가는 데에 사용되는 과학적인 배경은 모두 뉴턴의 역학으로부터 비롯되기 때문이지요. 뿐만 아니라 뉴턴이 쓴 '프린키피아'라는 책에 그와 비슷한 내용이 소개되어 있습니다.

뉴턴은 사과는 지구로 떨어지는데, 하늘 높이 떠 있는 달은 지구에 떨어지지 않는 것을 이상하게 생각하고 그 원인을 찾기 위해 오랫동안 무척 많은 연구를 했고, 그 연구의 결실로 만유인력의 법칙을 발견하게 되었던 것입니다.

다음은 뉴턴이 달이 지구로 떨어지지 않는 까닭을 설명한 내용으로, 뉴턴이 쓴 '프린키피아'에 포함되어 있어요.

뉴턴은 달의 운동을 지상의 높은 산

뉴턴 Isaac Newton

1642. 12. 25~1727. 3. 20
영국의 물리학자, 천문학자, 수학자, 근대이론과학의 선구자. 수학 분야에서 미적분법을 창시했고, 물리학 분야에서는 뉴턴 역학 체계를 확립하여 과학 혁명을 완성했다. 그의 자연관은 18세기 계몽사상에 큰 영향을 끼쳤다.

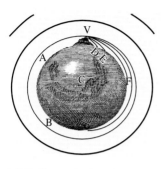

뉴턴의 산 Newton's Mountain

(사람들은 이 산을 뉴턴의 산이라 불러요.)에서 발사한 포탄의 운동에 비유하여 생각했습니다. 뉴턴이 높은 산을 택한 것은 산꼭대기가 대기층 위에 있어서 공기 저항은 무시할 수 있다고 생각한 거죠. 그러면 왼쪽 그림을 보고, 우리도 뉴턴처럼 생각해 볼까요?

먼저, 산에서 발사한 포탄의 수평 방향의 속도가 작다면 어떻게 될까요? 포탄은 그림에서 보는 것처럼 포물선을 그리면서 날아가다가 얼마가지 않아 지면(D나 L 지점)과 충돌할 거예요.

포탄의 수평 방향의 속도를 점점 빠르게 한다면 어떻게 될까요? 포탄이 그리는 포물선 곡선은 완만해지면서 포탄은 좀 더 먼 곳(F 지점)에 떨어질 거예요.

그렇다면 포탄의 수평 방향의 속도를 충분히 빠르게 한다면 어떻게 될까요? 충분히 빠른 속도로 발사된 포탄은 지구를 중심으로 원운동을 하게 될 거예요. 단, 이때 포탄의 속도를 떨어뜨리는 공기 저항이 없어야 합니다. 그래서 뉴턴은 아주 높은 산을 택한 거랍니다.

결론적으로 뉴턴은 아주 높은 산꼭대기에 대포를 설치하여 포탄을 발사하는데, 처음 발사 속도가 어떤 일정한 값에 도달하면 포탄은 지상에 낙하하지 않고 지구 주위를 계속 비행한다고 생각했어요. 그리고 그는 간단한 계산으로 이 속도가 초속 약 8km임을 알아냈어요. 다시 말해 대포에서 8km/s의 속도로 발사된 포탄은 인공위성처럼 영구히 지구의 표면에서 떨어지지 않고 지구를 중심으로 공전 운동을 할 수 있다는 것입니다.

여기서 잠깐!

인공위성

인공위성(人工衛星)이란 한자어의 뜻 그대로 사람이 만든 비행체로서, 지구 둘레를 달(위성)처럼 돌고 있는 것을 말한다.

인공위성의 종류로는 과학위성, 기상위성, 통신위성, 방송위성 등이 있고 지구 궤도를 돌고 있는 우주 정거장 등도 인공위성이 될 수 있다.

인공위성이 지구를 벗어나기 위해서는 처음 발사 속도가 약 8km/s가 되어야 한다. 또한 인공위성은 공기의 저항을 줄이기 위해 보통 백 수십km 이상의 높이에서 궤도 운동을 한다. 따라서 인공위성을 원하는 궤도의 높이까지 운반하고, 궤도를 도는 데 필요한 속도를 주기 위해 로켓 동력을 가진 우주 왕복선과 같은 비행체를 사용한다. 또한 외부적인 요인 때문에 궤도에 오차가 생기므로 이것을 수정하기 위한 제어 시스템이 필요하다.

우주 왕복선과 도킹한 우주 정거장

인공위성의 발사 과정

포탄을 타고 지구에서 달까지

발사 속도가 약 8km/s는 되어야 포탄이 지구를 벗어날 수 있다는 사실을 알게 된 대포 클럽 회원들은, 거대한 대포를 제작하여 대량의 화약을 장치하면 포탄이 달까지 날아갈 수 있는 충분한 초속을 얻을 수 있다고 생각했습니다.

그래서 그들은 지면에 수직으로 우물을 파고 길이가 300m가 되고 지름이 3m에 이르며 외벽 두께가 2m가 되고 무게는 무려 68,040,000kg나 되는 거대한 대포를 만들고, 또한 그 안에 200,000kg의 면화약을 채워 넣을 생각을 했어요. 또한 바깥지름이 3m에 높이가 4m인 포탄에 사람을 태워 달에 날릴 계획을 주도면밀하게 짰답니다.

드디어 12월 1일 밤, 달이 천정과 근지점의 조건을 동시에 충족시키는 날에 포탄은 미국의 플로리다 주에서 성공적으로 발사되었어요. 포탄의 처음 발사 속도는 16km/s이었지만, 지구 대기와의 마찰로 인해 속도는 11km/s까지 감소했지요. 하지만 이 속도는 포탄을 달까지 가게 하는 데는 충분한 속도였어요. 며칠 후 달 주위를 돌고 있는 포탄이 로키 산맥에 있는 대형 망원경에 포착되었어요.

그러면 과연 소설의 내용대로 하면 포탄이 달까지 가서 달 궤도를 돌 수 있을까요? 지금부터 그 가능성에 대해 하나하나 따져보기로 해요. 먼저 포탄 안에 들어있는 세 사람의 안전에 대해 생각해 볼까요?

성인 남자 200명의 몸무게를 가진 모자

포탄 안에 있는 사람들에게 가장 위험한 시간은 발사 순간부터 포탄이 포신을 떠날 때까지의 100분의 수초 동안의 아주 짧은 시간입니다. 이 짧은 시간 동안에 포탄의 속도는 0에서 16km/s까지 증가하기 때문이지요.

속도가 0에서 시작하여 16km/s에 이른다는 것은 어떤 의미를 가질까요?

계산을 간단하게 하기 위해 속도가 일정하게 증가하고, 대포 안의 화약이 폭발하여 포탄이 포신을 떠나는 시간을 약 0.025초라고 가정해봅시다. 0.025초 동안에 속도가 0에서 16km/s으로 증가했다고 생각하자는 거죠.

시간에 대한 속도의 변화량을 말할 때, 가속도라는 용어를 사용하고, 이때의 가속도는 속도의 변화량을 시간으로 나눈 값에 해당합니다. 즉, 0.025초 동안에 속도가 0에서 16km/s로 증가했다는 말은, 다음과 같은 식으로 표현될 수 있어요.

$$가속도 = \frac{16\,\mathrm{km/s} - 0}{0.025\mathrm{s}} = 600\,\mathrm{km/s}^2$$

이 식의 결과는, 약 0.025초 동안에 속도가 0에서 16km/s가 되기 위해서 포탄은 매초 약 600km/s^{2}의 가속도를 가져야 한다는 것을 나타내고 있지요.

그러면 600km/s^{2}의 가속도는 얼마나 큰 값일까요? 우리가 살고 있는 지구에서 중력의 가속도가 약 10m/s^{2}임을 고려하면 이 숫자가 얼마나 크고, 또 사람에게 치명적인지 금방 이해할 수 있어요.

포탄이 600km/s^{2}의 가속도로 발사되는 순간, 포탄은 중력가속도의 60,000배에 해당하는 힘을 느끼게 됩니다. 이 힘은 포탄 자체뿐만 아니라 그 안에 있는 모든 것들이 함께 느끼는 힘이지요. 즉, 포탄 안에 있는 세 사람은 포탄이 발사되는 순간, 자신의 몸무게가 60,000배나 무거워지는 것을 느껴

☀
0.025초
본문에 사용된 0.025초라는 값은 그냥 주어진 값이 아니고, 포탄의 최종 속도와 포신의 길이를 대입해서 얻은 값이다. 계산 과정은 마지막 부분에 있다.

야 한다는 것입니다. 자신의 몸에 자신의 몸무게의 60,000배에 해당하는 힘을 받는다면 어떤 일이 일어날까요? 포탄 안의 세 사람은 생각하기도 끔찍한 비참한 일을 당할 것이 분명해요.

포탄 안에 탄 캡틴 니콜이 쓴 서양식 모자를 예로 들어 생각해보지요. 모자의 질량을 200g 정도라고 가정하면, 200g의 모자는 어느 정도의 무게를 갖게 될까요? 포탄 안에서 200g의 모자가 중력가속도의 약 60,000배에 해당하는 $600\,\mathrm{km/s^2}$의 가속도를 받게 되면, 원래 지구에서의 무게보다 약 60,000배나 더 무겁게 느껴진답니다.

따라서 200g의 모자가 지구에서 받는 무게는 다음 식에 의해 2kg중 또는 2N이 됩니다(여기서 kg중이나 N은 무게의 단위이다).

$$모자의\ 무게 = 모자의\ 질량 \times 지구의\ 중력가속도$$
$$0.2\,\mathrm{kg} \times 10\,\mathrm{m/s^2} = 2\mathrm{kg}중 = 2\mathrm{N}$$

그러면 이보다 6만 배나 더 무거우면 어떻게 될까요? 모자의 무게는 무려 120,000N에 이르고, 이는 60kg의 질량을 가진 성인 남자의 몸무게 600N의 200배에 해당합니다. 다시 말해 200명의 성인 남자를 머리에 이고 있는 셈이지요. 영화 속의 슈퍼맨이 아니고서는 200명의 남자를 머리에 이고 있을 수는 절대로 없을 거예요. 따라서 포탄 안의 캡틴 니콜은 포탄이 발사되는 순간 목뼈와 머리뼈가 부러지고, 몸은 납작하게 될 것입니다.

물론 포탄에는 충격을 완화시키기 위해 스프링을 사용

한 완충 장치가 있고, 바닥도 이중으로 되고 그 곳에 물이 넘치고 있어요. 이 결과 충격이 걸리는 시간이 약간 연기되고, 따라서 가속도도 감소하는 것은 분명하지만 이 효과는 포탄이 발사할 때 생기는 어마어마한 가속도에 비하면 그 효과는 아주 미약하답니다.

거대한 대포

포탄이 발사되는 순간에 생기는 중력 가속도의 60,000배에 해당하는 가속도를 줄이는 방법은 없을까요? 이론적으로 그 큰 가속도를 작게 하려면 포신(대포의 길이)을 아주 길게 늘이면 됩니다. 포신을 늘린다는 것은 처음 속도 0에서 나중 속도 16 km/s에 도달하는 시간을 천천히 늘린다는 말을 의미하지요. 그러면 포신을 어느 정도 늘이면 될까요 ?

발사 때의 가속도를 지표에서 우리가 일상적으로 느끼는 중력 가속도와 같게 하려고 하면 포신을 상당히 길게 늘려야 하는데, 대충 계산하더라도 포신의 길이는 약 6,000 km에 이릅니다. 즉, 대포 클럽에서 만든 대포가 포탄 안에 탄 사람들의 생명을 안전하게 하기 위해서는 그 길이가 지구의 중심까지 뻗어야 한다는 것을 의미하지요. 이렇게 하면 승객은 중력의 가속도와 그와 똑같은 발사 가속도의 작용을 받아 체중이 불과 2배로 되었다고 느낄 뿐이에요.

그런데 인간의 몸은 짧은 시간 동안에는 중력가속도의 몇 배 정도 되는 가속도를 충분히 견딜 수 있다고 해요. 실제로 초음속 제트 비행기를 운전하는 조종사나 우주 왕복선에 탑승하는 조종사들은 이를 위해 상당 기간 체계적이고 과학적인 훈련을 한답니다. 그래서 중력가속도의 약 10배에 해당하는 가속도까지는 짧은 시간 동안 견딜 수 있다고 해요. 그러므로 만약에 포탄에 탄 사람들이 미리 훈련을 했다면 대포의 길이는 600 km로 충분하게 되는 것이지요. 하지만 그렇더라도 길이가 600 km(서울에서 부산까지 가는 거리보다 훨씬 더 먼 거리지요.)에 해당하는 긴 대포는 기술적으로나 경제적으로 만들기가 거의 불가능하답니다.

그 외의 문제점들

대포 클럽 회원들이 들으면 무척 섭섭하겠지만 대포를 이용해서, 포탄에 사람을 태워 달에 보내는 일은 과학적으로 불가능하다고 할 수 있어요. 현대의 아주 발달된 대포로도 포탄에 3 km/s 이상의 속도를 주기가 어렵기 때문이에요. 이는 포탄이 지구를 벗어나는 데 필요한 속도의 1/3밖에 되질 않아요.

또한 대포 클럽 회원들은 포탄이 포신을 벗어나는 순간 받을 엄청난 압력의 공기의 저항을 고려하지 않았어요. 만약에 그들의 계획대로 16 km/s의 속도로 포탄이 포신을 나온다고 한다면 지름 3m, 높이 4m에 해당하는 큰 포탄에 대한 공기의 저항은 만만치 않을 거예요. 그렇게 되면 포탄의 진행 방향은 처음부터 달라질 것이고, 이때 생기는 마찰열로 포탄 안의 사람들도 무사하지 않을 것이 분명해요.

그렇지만 놀라운 과학 지식들

《지구에서 달까지》는 과학의 눈으로 보면 놀라운 이야기들이 곳곳에 숨어 있어요.

예를 들면 포탄을 달에 보낼 때 서술된 탄도 계산에서 사용한 숫자들은 오늘날 유인 우주선이 달에 가는 표준적 비행 시간을 상당히 정확하게 제시하고 있답니다. 뿐만 아니라 포탄을 발사한 곳은 지금 미국의 우주 발사 기지인 케이프 케네디의 로켓 발사대에서 약 200km밖에 떨어져 있지 않아요. 우주 로켓을 발사할 때 가장 중요한 요소 중의 하나가 발사 위치입니다. 왜냐하면 지구의 자전 속도를 이용해야 하기 때문이에요. 그런데 소설 속에 나온 발사 기지가 오늘날의 발사 기지와 거의 비슷한 곳에 있다는 것은 우연이 아니라고 생각해요. 다만 아쉬운 것은 당시 로켓이 발명되지 않았다는 점이에요. 만약 쥘 베른이 로켓이라는 것을 알았다면 《지구에서 달까지》는 훨씬 정확한 과학적 내용을 담은 소설이 되었을 거예요. 물론 어떤 비평가들은 쥘 베른이 로켓이 아니라 대포를 선택한 것은 대포를 이용한 우주선 발사가 당시 호전적이고 침략적인 유럽과 미국의 사회 문제점 꼬집기에 더 적절했을 것이라고 말하기도 하지만요.

《지구에서 달까지》가 사람이 탄 포탄이 지구에서 달까지 가는 과정을 담은 소설이라면, 《달나라 탐험》은 그 다음의 과정을 담은 쥘 베른의 야심작이에요. 《달나라 탐험》의 마지막 부분에는 포탄이 무사히 지구로 귀환하여 태평양에 떨어지는 장면이 나오지요. 이 내용과 관련된 유명한 일이 있어요.

1968년 12월에 달까지 날아간 최초의 유인 우주선 아폴로 8호의 선장이었던 프랭크 보먼은 다음해 쥘 베른의 손자에게 다음과 같은 편지를 보냈다고 해요.

　　"우리의 우주선은 바비케인의 우주선과 마찬가지로 플로리다에서 발사되어, 태평양에 도착했는데 이 지점은 소설에서 나온 지점에서 겨우 4km밖에 떨어지지 않은 곳이었습니다."

　　이 편지 내용을 보면, 쥘 베른의 과학적 식견이 얼마나 높았는가를 알 수 있습니다.

여기서 잠깐!

포탄의 가속도 계산하기

다음의 내용은 앞에서 설명한 적이 있는 포탄의 가속도를 계산하는 과정이다. 이 부분은 계산하기를 좋아하는 이들을 위해 특별히 제공하는 것이다. 따라서 계산이라면 머리를 흔드는 사람은 무시를 해도 상관없다. 우선 발사 순간부터 포탄이 포신을 나는 순간까지 포탄은 등가속도 운동을 한다고 가정하므로 계산 결과는 어디까지나 근사값이다.

계산에는 등가속도 운동을 나타내는 두 가지 식을 사용한다.

1. 포탄을 발사한 후부터 t초 후 포탄의 속도

포탄의 속도(v)는 가속도(a)에 시간(t)를 곱한 값으로 식으로 나타내면 다음과 같다.

$$속도(v) = 가속도(a) \times 시간(t)$$

2. t초 동안에 포탄이 이동한 거리 s는

포탄이 t초 동안에 이동한 거리를 s라 하면, 다음 식으로 나타낼 수 있다.

$$이동거리(s) = \frac{가속도(a) \times (시간(t))^2}{2}$$

이 두 개의 식을 이용하여 포신 속을 운동하는 포탄의 가속도를 계산해 보자.

소설에서 대포에서 화약을 탑재한 부분을 제외한 포신의 길이는 약 210m이다. 이것은 포탄이 통과한 거리 s이다. 또한 포탄의 최종 속도는 $v = 16,000 \, \text{m/s}$이다.

다음 식들을 이용하면 포탄이 통과한 거리(s)와 최종 속도(v)로 이동하는 데 걸리는 시간(t)을 계산할 수

있다.

$$속도(v) = 가속도(a) \times 시간(t) = 16,000 \, \text{m/s}$$

$$
\begin{aligned}
이동거리(s) = 210\,\text{m} &= \frac{가속도(a) \times (시간(t))^2}{2} \\
&= \frac{[가속도(a) \times (시간(t))] \times (시간(t))}{2} \\
&= \frac{16,000 \, \text{m/s} \times (시간(t))}{2} \\
&= 8,000t = 210
\end{aligned}
$$

$$\therefore \, t = 210 \div 8,000 ≒ 1/40$$

위 계산의 결과에 의하면, 포탄은 불과 1/40초 동안만 포신 속을 날게 된다. 이번에는 $t = 1/40 = 0.025$초를 다음 식에 대입해보자.

$$
\begin{aligned}
&속도(v) = 가속도(a) \times 시간(t) \\
&1,600 = 가속도(a) \times 1/40 \\
&\therefore \, 가속도(a) = 1,600 \times 40 = 64,000 \, \text{m/s}^2
\end{aligned}
$$

포탄이 포신을 날기까지의 가속도는 64,000m/s^{2}이고, 중력 가속도의 64,000배가 되는 셈이다.

그러면 지상에서의 중력 가속도의 10배의 가속도, 즉 약 100m/s^{2}으로 포탄이 날려면 대포는 어느 정도의 길이의 포신을 가져야 할까?

$a = 100$m/s^2, $v = 11,000$m/s이므로, 다음 식에 의해서 $t = 110$초이다.

$$속도(v) = 가속도(a) \times 시간(t)$$

그리고 다음 식에 의해서

$$이동거리(s) = \frac{가속도(a) \times (시간(t))^2}{2}$$

대포의 포신 s의 길이는 11,000×110/2 = 605,000m ≒ 600km가 된다. 결국 이러한 계산의 결과에 따르면 포탄으로 달까지 여행하는 것은 물리학적으로 불가능하다는 계산이 나온다.

1. 포물선 운동

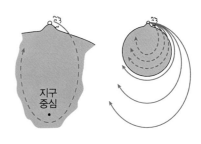

지구에서 발사된 모든 물체는 포물선 운동을 한다. 대포에서 발사된 포탄도 오른쪽 그림처럼 포물선을 그리며 운동하다가 낙하한다. 그리고 포탄이 그리는 궤적은 사실 지구 중심을 초점으로 하는 타원 궤도의 일부분이다.

2. 포탄의 궤도 운동

포탄이 지표면과 충돌하지 않으려면 최소한 8km/s(정확히 7,920m/s)의 속도로 지표면과 수평으로 발사되어야 한다. 속도가 이보다 더 빨라지면 지구의 중심점을 타원의 가까운 초점으로 하는 타원 운동을 한다.

3. 탈출 속도

예를 들어 오른쪽 그림에서와 같이 수퍼맨이 높은 산위에서 돌을 던진다고 가정하자. 이때 처음 어떤 속도로 던지느냐에 따라 돌은 다양한 운동을 한다.

- 처음 속도 ≒ 8km/s

  지구 표면 곡률과 일치하여 원형 궤도를 돈다. 단, 지구의 굴곡에 부딪치거나 대기와의 마찰이 없어야 하고, 이 경우 던진 공은 90분 후에 지구를 한 바퀴 돌고 제자리로 돌아온다.

- 처음 속도 < 11.2km/s

  타원궤도를 돌며 돌아오는 데에는 90분이 넘게 걸린다.

- 처음 속도 ≒ 11.2km/s

  쌍곡선 궤도를 그린다. 더 빠른 속력으로 던진다면 공은 다시 돌아오지 않는다.

- 처음 속도 > 11.2km/s (지구 탈출 속도)

  지구를 탈출할 수 있다.

- 처음 속도 > 42.5km/s (태양계 탈출 속도)

  태양계를 탈출할 수 있다.

15

오승은의 《서유기》

손오공의 근두운

구름의 발생과 소멸

"스승님의 하해와 같은 은혜를 입어 전해 주신 공을 완전히 연마하였기에, 이젠 구름을 타고 하늘을 날 수 있게 되었습니다. 손오공은 재간을 다해 몸을 솟구쳐 공중제비를 몇 번 넘고는 땅에서 대여섯 길 높이에 있는 구름을 올라타 밥 한 끼 먹을 사이에 삼리가 채 안 되는 거리를 왕복하더니, 조사 앞에 내려와 두 손을 모아예를 갖추며 '스승님, 이게 바로 구름을 타고 나는 술법이옵니다.'라고 말했습니다. … (중략) … 이 구름은 손가락을 구부려 결을 맺고 진언을 암송하며 주먹을 꽉 쥐고 몸을 한 번 떨면서 뛰어올라 타면 되는데, 재주 한 번 넘을 때마다 십만 팔천 리를 날아갈 수 있지."

《서유기》 중

손오공, 저팔계, 사오정과 삼장 법사가 등장하여 온갖 요괴와 마귀를 무찌르고 부처님의 뜻을 이루는 서유기는 중국뿐만 아니라 우리나라와 일본 등에서도 매우 유명한 고전 소설입니다.

오승은 吳承恩

1500?~1582?
중국 명(明)나라 때의 문학자. 중국 4
대 기서(삼국지연의, 수호지, 금병매,
서유기) 중 하나인 서유기를 지었다.
50세 넘어 관리가 되었으나 곧 귀향
하여 시와 술로 여생을 보냈다.

서유기에서 가장 주목을 받는 주인공은 손오공이지요.
손오공은 동승신주 오래국 화과산의 돌에서 태어나 수보리
조사에게 도술을 배워 72가지의 변신술을 익힙니다. 그러나
자기 재주를 너무 믿은 나머지 천상의 반도 대회를 망치고,
도망쳐 화과산의 원숭이 무리를 이끌고 스스로 '제천대성'
이라 일컬으며 옥황상제에게 도전합니다.

그러나 손오공은 석가여래에게 붙잡혀 오백 년 동안 오
행산 아래 눌려 쇠구슬과 구리 녹인 쇳물로 허기를 때우며
벌을 받다가 관음보살의 도움으로 서천으로 불경을 가지러
가는 삼장 법사의 제자가 되어 온갖 신통력과 지혜로 요괴를
무찌르며 임무를 완성합니다.

이러한 손오공에게는 자가용 같은 역할을 하는 것이 있
었는데 바로 근두운이지요. 근두운은 구름으로 주문
을 외우면 손오공에게 가까이 오고, 손오공은 재주를
넘어 근두운을 타고 사방 천지 어디에든지 아주 빠
른 속도로 달립니다.

그런데 과연 구름을 타고 날아다니는 것이 가
능할까요?

구름은 공기가 상승할 때 형성된다

근두운의 본질은 구름이에요. 소설에서 손오공은 주문
을 외워 구름을 자유자재로 불러 타고 어디든지 돌아다닐 수
있다고 해요. 그런데 구름에 원숭이와 같은 동물이 탈 수 있
을까요? 또 구름을 지상으로 불러 내릴 수 있을까요? 이를

알아보기 위해 구름은 어떻게 만들어 지는지 알아보기로 해요.

공기 중에는 많은 양의 수증기가 포함되어 있어요. 바다에서 증발한 수증기, 숲 속의 나무가 숨을 쉬면서 내놓은 수증기 등이 공기 속으로 들어가기 때문이지요. 그리고 이들 수증기는 온도가 내려갈 때 물방울이나 얼음 알갱이로 변한답니다. 이러한 현상을 응결이라 하는데, 하늘에 떠 있는 구름은 모두 응결 현상의 결과로 생긴 물방울이나 얼음 알갱이가 모인 것이에요.

그러면 어떤 과정을 통해서 공기 중의 수증기가 물방울이나 얼음 알갱이로 변할 수 있을까요? 수증기가 액체 상태인 물방울이나 고체 상태인 얼음 알갱이로 변하는 것을 상태 변화라고 하는데, 상태 변화는 온도가 변할 때 일어납니다.

수증기가 물방울이나 얼음 알갱이로 변하기 위해서는 온도가 내려가야 하는데, 자연 상태에서 온도가 내려가는 일은 공기 덩어리가 하늘 높이 상승할 때 일어나지요. 그러니까 결론적으로 구름이 만들어지기 위해서는 우선 수증기를 포함한 공기 덩어리가 위로 높이 올라가야 하는 거지요. 그런

구름

구름은 공기 중의 수증기가 냉각되어 물방울이나 얼음 알갱이가 되어 공중에 떠 있는 것이다.

분자 상태의 수증기와 물의 비교

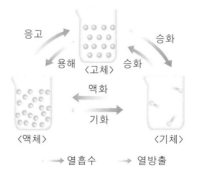

상태 변화가 일어날 때의 열의 출입

데 아무 때나 공기 덩어리가 상승하는 것은 아니에요. 공기 덩어리는 다음과 같은 몇 가지 경우 하늘 높이 상승하게 된답니다.

▌ 저기압 중심으로 공기가 모여드는 경우

공기는 기압이 높은 곳(고기압)에서 기압이 낮은 곳(저기압)으로 이동합니다. 그러므로 기압이 낮은 곳일수록 많은 양의 공기가 모여들지요. 그런데 공기가 많이 모여들면 이 공기들이 더 이상 갈 곳이 없어 위로 상승하게 됩니다.

저기압이 있을 때

▌ 산을 향해 바람이 불 때

바람은 공기의 이동을 말해요. 그러므로 산을 향해 바람이 불면, 공기 덩어리가 산을 넘어가려고 하지요. 이때 공기 덩어리는 산을 타고 넘어가면서 상승하게 된답니다.

바람이 산을 타고 올라갈 때

여기서 잠깐!

고기압과 저기압

고기압과 저기압을 구분하는 기준은 없다. 주위보다 기압이 높으면 고기압, 주위보다 낮으면 저기압이라고 한다. 고기압이 발달한 지역에서는 공기가 아래로 내려가는 하강 기류가 강하여 날씨가 맑고, 저기압이 발달한 지역에서는 공기가 위로 올라가는 상승 기류가 강하여 구름이 형성되고 날씨가 흐리다.

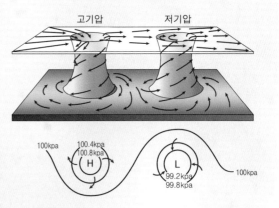

위쪽은 고기압·저기압의 모형, 아래쪽은 등압선을 나타낸 것이다.

▌지표 부근의 공기가 태양열로 덥혀질 때

한여름의 뜨거운 태양열은 지표를 뜨겁게 데우고, 지표 위의 공기는 뜨거운 지표의 열을 받아 가벼워지므로 위로 이동한답니다.

지표면이 가열될 때

▌더운 공기와 찬 공기가 만날 때

• 찬 공기가 더운 공기 밑을 파고 들 때

차가운 공기 덩어리와 더운 공기 덩어리가 만나면, 차가운 공기 덩어리는 더운 공기 덩어리보다 밀도가 높기 때문에 무거워 밑으로 이동하게 되는데, 이때 찬 공기는 더운 공기의 밑으로 파고들어요. 그러면 더운 공기는 위쪽으로 상승하게 되지요.

따뜻한 공기와 찬 공기가 만날 때

• 더운 공기가 찬 공기 쪽으로 이동할 때

반면에 더운 공기가 찬 공기 쪽으로 이동하면 어떻게 될까요? 더운 공기는 찬 공기보다 밀도가 작아요. 그러므로 찬 공기를 만나면 그 위로 타고 올라가지요. 따라서 공기 덩어리는 자연히 상승하게 되는 거랍니다.

이처럼 공기가 위로 이동하는 경우는 다양하지요. 구름이 만들어지기 위해서 공기가 상승해야 하는 까닭은 무엇일까요?

상승한 공기는 냉각된다

앞글에서 구름이 만들어지기 위해서는 무조건 공기 덩어리가 위로 이동해야 한다고 했어요. 그 까닭은 무엇일까요?

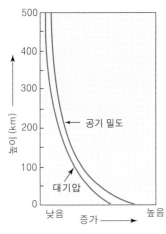

높이에 따른 공기 밀도와 대기압

지표에서 높이 올라갈수록 공기의 밀도는 희박하답니다. 그래서 높은 산을 등정하는 산악인들은 산소 탱크를 준비하지요. 혹시나 산소가 부족하여 생명을 잃을까 염려해서죠.

높은 곳으로 올라갈수록 공기의 양이 줄어드는 것은 지구의 중력 때문이에요. 공기는 질소나 산소, 그리고 이산화탄소 등의 기체로 이루어져 있는데 이들도 가볍지만 질량이 있어요. 그래서 지구의 중력에 이끌려 지구에 붙잡혀 있는 것입니다. 만약에 지구의 중력이 지금보다 약해진다면 이들 기체는 모두 지구 밖으로 도망갈 거예요. 현재 달이 그래요. 달은 지구보다 훨씬 중력이 약하기 때문에 기체가 거의 없지요.

그런데 중력은 지표에서 멀어질수록 약해진답니다. 그러니까 공기를 이루는 기체들은 중력이 센 지표 가까이에 많이 모여 있고, 위로 올라갈수록 그 양이 줄어드는 거죠. 이러한 까닭으로 지표에서 위로 올라갈수록 공기가 부족하고, 기압이 약해집니다.

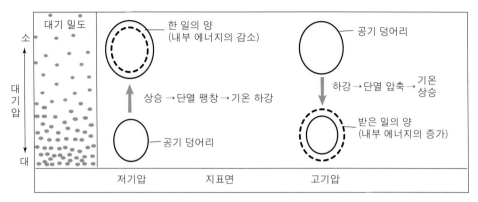

단열 변화 공기 덩어리가 상승하면 공기가 팽창하면서 기온이 내려가고, 하강하면 공기가 압축되면서 기온이 올라간다.

　다시 본론으로 가서, 공기 덩어리가 상승하여 기압이 약한 곳으로 가면 어떻게 될까요? 공기 덩어리는 고무풍선이 부풀듯이 점점 그 부피가 커져요.

　공기 덩어리의 부피가 커진다는 것은 일정한 양의 공기 분자들이 훨씬 넓어진 공간을 차지하게 되는 것을 의미하고, 이렇게 되면 온도가 내려가게 됩니다. 추운 겨울에 교실에 40명이 있을 때 체온으로 조금 훈훈한데, 만약에 이 40명이 큰 강당에 간다고 해 보세요. 그러면 그 체온으로 큰 강당을 데울 수 있을까요? 이 때 교실의 학생을 공기 분자라고 하고, 교실을 지표에서의 공기 부피, 강당을 지표에서 높은 곳에 갔을 때의 부피라고 비유해서 생각하면 왜 부피가 팽창하면 온도가 내려가는 가를 쉽게 이해할 수 있을 겁니다.

　이처럼 공기 덩어리가 상승하여 온도가 내려가는 현상을 단열냉각이라는 조금 어려운 말로 표현하는데, 단열 냉각이란 열의 출입이 없이 온도가 내려간다는 뜻이에요. 즉, 외부에 열을 빼앗기지도 않는데 온도가 내려가는 거지요.

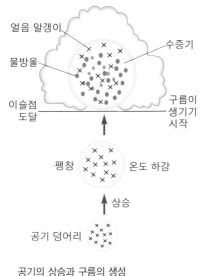

얼음 알갱이
수증기
물방울
이슬점 도달
구름이 생기기 시작

팽창
온도 하강
상승
공기 덩어리

공기의 상승과 구름의 생성

공기가 냉각되면 구름이 형성된다

왼쪽 그림을 보세요. 수증기는 기체 상태인데, 온도가 내려가면 어떻게 되나요? 액체 상태인 물방울이나 고체 상태인 얼음 알갱이로 변하지요. 여기서 이슬점이란, 수증기가 물방울로 변하는 온도를 말합니다. 그러니까 수증기를 포함한 공기 덩어리가 상승하여 부피가 팽창하고 온도가 내려가 이슬점에 도달하는 순간부터 구름이 형성되는 것입니다. 이때, 구름이 형성되는 위치를 응결 고도라고 부르는데 구름의 밑면에 해당하는 높이지요.

근두운의 운명은 어떻게 될까?

구름의 생성 과정을 충분히 설명했으니까, 근두운의 운

여기서 잠깐!

응결 고도

구름이 형성되려면 수증기가 응결되어야 하고, 응결은 기온이 이슬점과 같을 때 일어난다. 그러므로 기온과 이슬점이 최초로 같아지는 높이가 바로 응결 고도이다. 응결 고도를 식으로 나타내면 다음과 같다.

$$응결\ 고도 = 125 \times (기온 - 이슬점)$$

예를 들어서, 현재 기온이 20℃이고 이슬점 온도가 12℃인 공기가 그림 A에서 2km인 산을 타고 넘으면서, B점에서 응결이 일어났다고 하면, B 지점의 높이

는 얼마나 될까 계산하면 다음과 같다.

$$응결\ 고도 = 125 \times (20 - 12) = 1,000\ m$$

즉, 현재 기온이 20℃이고 이슬점 온도가 12℃라면 구름은 1,000m 높이에서부터 형성되기 시작한다.

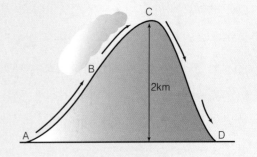

C
B
2km
A
D

여기서 잠깐!

구름은 어떻게 하늘에 떠 있을까?

구름은 물방울과 얼음 알갱이로 이루어져 있는데, 이들이 밑으로 떨어지지 않고, 하늘에 떠 있을 수 있는 까닭은 무엇일까 ?

구름을 구성하고 있는 물방울이나 얼음 덩어리는 매우 작아서 직경이 1mm의 백분의 일 정도밖에 되지 않는다. 또한 그 질량도 백만 개 정도가 모여야 겨우 1g을 넘는다. 이렇게 가볍기 때문에 조용한 공기 속에서도 1초에 단지 몇 cm밖에 떨어지지 않는다.

하지만 구름 속에서는 끊임없이 바람이 불고 공기가 움직이기 때문에 구름 입자들은 계속해서 바람에 날려 위아래로 움직인다. 그래서 구름이 떨어지지 않고 언제나 공중에 떠 있을 수 있는 것이다.

명이 어떻게 될지는 이미 짐작했을 것입니다. 다시 소설의 본문을 읽어 봅시다.

"손오공은 재간을 다해 몸을 솟구쳐 공중제비를 몇 번 넘고는, 땅에서 대여섯 길 높이에 있는 구름을 올라타…"

손오공이 근두운을 타기 위해 근두운을 불렀는데, 근두운의 위치는 땅에서 여섯 길 높이까지 내려옵니다. '길'이라는 것은 옛날 사람들이 길이를 잴 때 사용하던 단위인데, 한 길은 약 3.3m랍니다. 그러니까 여섯 길 높이는 $3.3m \times 6 = 19.8m$로 20m가 채 안 되는 높이죠.

근두운을 탄 손오공
손오공의 근두운은 과학적으로는 불가능하다.

따라서 근두운이 지상에서 20m 정도 되는 높이로 내려온다면 어떻게 되겠어요?

우리는 앞에서 수증기가 구름이 되기 위해서는 수증기를 포함한 공기 덩어리가 위로 높이 올라가야 한다고 배웠습니다. 그런데 구름이 낮은 곳으로 내려오면 반대 현상이 일어납니다. 즉, 구름을 이루고 있는 물방울이나 얼음 알갱이가 다시 수증기로 변하는 거지요. 다시 말해 구름이 사라지는 거지요. 그러므로 손오공이 주문을 외워 근두운이 지표에서 20m 높이로 내려오는 동안 근두운은 없어진다는 말입니다.

어마어마하게 빠른 근두운을 탄 손오공

앞에서 근두운이 지상으로 내려오면 사라진다고 했어요. 그렇다면 손오공이 하늘 높이 올라가 근두운을 타고 날아다닌다고 가정해 봅시다. 하지만 문제점은 여전히 있습니다. 이번에는 근두운의 속도입니다. 소설의 본문을 보면, 근두운의 속도는 재주를 한 번 넘을 동안에 108,000리를 날 정도로 아주 빠릅니다.

"이 구름은 손가락을 구부려 결을 맺고 진언을 암송하며 주먹을 꽉 쥐고 몸을 한 번 떨면서 뛰어올라 타면 되는데, 재주 한 번 넘을 때마다 십만 팔천 리를 날아갈 수 있지…"

10리는 약 4km의 거리에 해당합니다. 따라서 108,000리는 43,200km입니다. 이 거리는 지구의 둘레보다 더 긴 거리입니다. 지구 둘레는 적도를 기준으로 했을 때에 약 40,000km밖에 안되는데, 43,200km는 그 거리보다 더 길지요. 그런데 이 먼 거리를 근두운을 탄 손오공은 재주를 한 번 넘을 동안에 날아갈 수 있다고 합니다. 원숭이가 재주를 한 번 넘는 시간을 대략 측정해보았더니, 약 1초 내외였어요.

그러므로 근두운의 속도는 43,200km÷1초 = 43,200 km/s 입니다. 이 속도는 소리보다 약 12만 배나 빠르고, 점보 비행기보다 약 16만 배나 빠른 속도입니다. 또한 우주 왕복

선 디스커버리 호가 지구 대기권에 진입하는 속도(약 7.8km/s)
보다 약 5,540배나 빠른 속도입니다.

근두운이 이렇게 빠른 속도로 날아다닌다면 어떤 일이
일어날까요?

우주 왕복선 디스커버리 호가 지구 대기권을 진입할 때,
공기와의 마찰에 의해 우주선 표면의 온도는 약 1,650℃까지
올라갑니다. 이 온도는 쇠를 녹이는 온도지요. 그래서 우주
왕복선의 표면은 특별히 열에 잘 견디는 물질로 덮여 있답
니다.

그런데 근두운은 이 우주선보다 약 5,540배나 빠
르게 날아간다고 하니, 근두운과 손오공이
공기의 마찰로 받는 열은 도대체 얼마나
될까요? 섭씨 수백만 도이상일 겁니다.
이렇게 되면 근두운은 출발하자마자
수증기로 변해 자취를 감출 것이고, 손
오공은 그 뜨거운 온도에 의해 흔적도
없이 사라져 버릴 테지요.

끄아악!
뜨거워서
근두운이 다 증발해
버렸잖아!

1. 구름

구름은 공기 중의 수증기가 응결하여 물방울이나 얼음 알갱이로 변해 공기 중에 떠 있는 것이다.

2. 구름의 생성 과정

수증기를 포함한 공기의 상승 → 단열 팽창으로 냉각 → 응결 고도에 이르면 응결 현상 → 구름의 생성

3. 자연 상태에서 구름이 생성되는 경우

- 저기압 중심으로 공기가 모여 상승할 경우
- 바람이 불어 높은 산을 따라 공기가 상승할 경우
- 태양열에 의하여 지표 부근의 공기가 상승할 경우
- 찬 공기가 더운 공기 밑을 파고들어 더운 공기를 밀어 올릴 경우
- 더운 공기가 찬 공기 쪽으로 이동하여 찬 공기 위로 타고 올라갈 경우

4. 응결 고도

수증기를 포함한 공기가 상승할 때, 공기의 기온과 이슬점이 같아져서 응결이 시작되는 높이로 이때부터 구름이 만들어진다.

16

조앤 롤링의 《해리 포터와 마법사의 돌》

마법의 빗자루

반중력

해리의 빗자루가 갑자기 세게 날아갔다. 해리는 떨어질 뻔하다가, 간신히 한 손으로 빗자루를 붙잡고 대롱대롱 매달려 있었다.

"플린트가 해리 앞을 가로막았을 때 빗자루에 무슨 일이 생겼던 걸까?" 시무스가 작은 소리로 말했다.

"그럴 리가" 해그리드가 떨리는 목소리로 말했다.

"빗자루에 해를 끼칠 수 있는 건 강력한 어둠의 마법뿐이야… 아이들은 절대 님부스 2000에 그런 짓을 할 수 없을 거야."

이 말이 떨어지기가 무섭게, 헤르미온느가 해그리드의 쌍안경을 잡았다. 하지만 그녀는 해리를 올려다보지 않고 극도로 흥분해서 군중을 살펴보고 있었다.

"뭐하고 있는 거야?" 론이 창백해져서 투덜거렸다.

"그럴 줄 알았어."

헤르미온느가 숨이 넘어가는 목소리로 말했다.

"스네이프야… 봐."

론이 쌍안경을 잡았다. 스네이프는 그들 맞은편 관람석 한가운데에 있었다. 그는 해리를 똑바로 쳐다보며 작은 소리로 쉬지 않고 중얼거리고 있었다.

《해리 포터와 마법사의 돌》 중에서

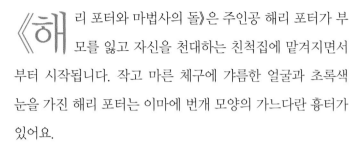

조앤 롤링
Joanne Kathleen Rowling

1966. 7. 31~
조앤 롤링은 1966년 영국에서 태어나 해리포터 시리즈로 세계적인 베스트 셀러 작가가 되었다. 그녀는 어려서부터 "우리가 ~이 되었다고 상상해 보자!"라는 말을 입에 담고 다닐 정도로 상상하는 놀이를 즐겼고, 이것이 오늘날의 그녀를 있게 했다.

《해리 포터와 마법사의 돌》은 주인공 해리 포터가 부모를 잃고 자신을 천대하는 친척집에 맡겨지면서부터 시작됩니다. 작고 마른 체구에 갸름한 얼굴과 초록색 눈을 가진 해리 포터는 이마에 번개 모양의 가느다란 흉터가 있어요.

하지만 해리는 한 살 때, 자신의 부모를 살해한 마왕을 물리친 위대한 영웅이었지요. 그렇지만 해리 포터가 아직 어리기 때문에 그의 안전을 위해 머글(마법사들은 인간을 머글이라고 부릅니다.) 페투니아 이모 가족에게 보내졌어요.

이모네 집에서 해리는 자신이 마법사라는 사실을 모른채 온갖 멸시와 학대를 받으며 계단 밑 벽장에서 불행한 삶을 살아갑니다.

그러나 열한 번째 생일날, 해리는 자신이 마법사라는 사실을 깨닫고, 호그와트라는 영국 최고의 마법학교에 입학하게 됩니다. 그곳에서 해리는 마법의 약 제조법, 변신술, 마법의 역사들을 배우지요. 그리고 그는 마법의 빗자루를 타고 공중을 날아다니며 경기하는 스릴 만점의 퀴디치 게임에서 스타가 되면서 호그와트의 작은 영웅이 된답니다.

또한 해리는 머리 셋 달린 개가 지키고 있는 마법학교 지하실에 '마법사의 돌'이 비밀리에 보관되어 있다는 사실을 깨닫지요. 그는 '투명 망토'를 이용하여 친구들의 도움을 받아 마왕을 물리친 후, 호그와트 마법 학교와 마법사의 세계를 구하는 위대한 마법사의 길을 갑니다.

님부스 2000은 어떤 힘으로 하늘을 날까?

소설이나 동화 속 주인공들은 모두 하늘을 나는 재주가 있어요. 손오공은 근두운이라는 구름을 타고 날아다니고, 신밧드는 마법의 양탄자를 타고 날아다니고, 슈퍼맨은 빨간 망토를 입고 날아다니고, 피터팬은 그냥 날아다니고, 해리포터는 님부스 2000이라 불리는 마법의 빗자루를 타고 다닌답니다.

님부스 2000은 호그와트 마법 학교에 입학한 해리포터가 미네르바 맥고나걸 교수로부터 받은 마법의 빗자루랍니다. 마법의 빗자루는 예로부터 마법사들이 즐겨 애용하던 운송 수단이었기 때문에, 역시 마법사인 해리 포터도 빗자루를 타고 다니게 된 것이지요. 다만 '님부스'라는 세련된 이름을 가진 빗자루인데, '님부스(Nimbus)'는 신이나 성자들의 머리 뒤에서 빛나는 후광을 의미합니다. 그러면 해리 포터가 태우고, 하늘을 신나게 날아다니는 마법의 빗자루, 님부스 2000은 어떤 원리로 하늘을 나는 힘을 낼까요?

영화 〈해리 포터와 마법사의 돌〉
해리 포터와 그의 친구들이 마법의 빗자루 님부스 2000을 보고 있다.

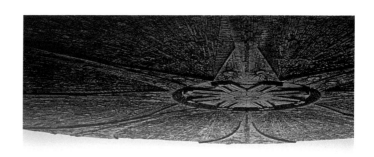

영화 〈인디펜던스 데이〉
지구를 침략한 외계인들이 미국 뉴욕 상공에 거대한 비행 물체를 띄워 놓고 있다.

님부스 2000을 아무리 요리보고, 조리 뜯어 봐도 해리 포터를 태우고 하늘을 날만한 장치가 보이질 않아요. 하늘을 날기 위해서는 중력을 이기는 에너지를 내는 장치가 필요한데, 헬리콥터처럼 회전 날개도 없고, 우주 왕복선처럼 로켓 분사 장치도 보이지 않기 때문이지요. 결국 남은 것은 반중력 장치밖에 없어요. 반중력 장치라는 단어가 떠오르자, 얼마 전에 비디오로 보았던 〈인디펜던스 데이〉에 나오는 거대한 접시 모양의 비행 물체가 생각났어요.

어느 날 지구를 침략한 외계인들은 뉴욕 상공에 거대한 비행 물체를 띄워 놓고, 지구인들을 공포에 몰아넣어요. 영화를 만든 이들은 그 비행 물체는 반중력의 힘으로 움직인다고 말했어요.

그래서 해리 포터의 마법의 지팡이도 영화 속의 비행 물체처럼 반중력이라는 힘을 가진 것이 아닐까 생각했어요.

중력과 반중력

중력이란 만유인력이라는 다른 말로 표현되기도 하는데, 뉴턴은 질량을 가진 물체가 가지는 힘이라고 정의했어요. 우리는 날마다 아주 큰 질량을 가진 지구가 끼치는 중력의 영향 안에서 살아가고 있습니다. 중력의 방향이 지구 중심 쪽으로 향하기 때문에, 지구에 있는 모든 것들은 지표에 붙어 있을 수 있는 거지요.

그러니까 반(反)중력이라는 것은 말 그대로 중력과 반대되는 힘이지요. 뉴턴이나 아인슈타인의 과학 이론에 따르면 존재하기 힘든 힘이지요.

왜냐하면 뉴턴은 중력이란 질량을 가진 물체 사이에 존재하는 힘으로, 두 물체의 질량에 비례하고, 거리에 제곱에 반비례하는 힘이라고 했어요. 또한 아인슈타인은 중력이란 아주 큰 질량에 의해 시공간이 휘어졌을 때 생기는 힘이라고 했거든요. 그러니까 반중력이라는 힘이 생기기 위해서는 질량이 (−) 값을 가져야 한다는 결론에 이르게 되지요. 질량이 (−) 값을 가진다는 것은 현재 자연 세계에서는 존재하지 않아요. 혹시 귀신이나 유령이라면 질량이 (−)가 될지 모르지요.

그런데 귀신을 믿는 무당이나 점쟁이도 아닌 과학자들이 질량이 (−)인 물질이 있을 것이라고 믿고, 연구하고 있답니다. 왜 그럴까요? 과학자들이란 언제나 엉뚱한 생각을 하기 때문일까요? 아니랍니다. 과학자들이 질량이 (−)인 물질이 있다고 생각하는 것은 다 근거가 있습니다.

학교에서 전기력이나 자기력을 배웠을 것입니다. 그런데

여기서 잠깐!

인력과 척력

1. 인력

2개의 물체가 서로 끌어당기는 힘으로, 부호가 서로 반대인 전하나, 극이 서로 반대인 자석 사이에 생기는 전기력이나 자기력이 있고, 질량을 가진 물체들 사이에 끌어당기는 만유인력이 있다. 뿐만 아니라 원자핵 속에서는 양성자와 중성자 사이에 작용하는 핵력과, 분자 사이에 작용한 반데르발스 힘도 인력에 해당한다.

2. 척력

인력과는 반대로 두 물체 사이에 서로를 떨쳐버리려고 작용하는 힘이다. 같은 부호의 전하나, 같은 극의 자석은 서로 밀어낸다. 또한 두 원자 사이나 두 핵입자 사이가 아주 가까워지면 밀어내는데, 이도 일종의 척력이라 할 수 있다.

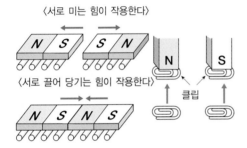

자기력 사이에 작용하는 인력과 척력

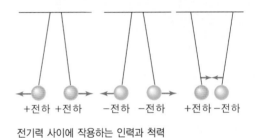

전기력 사이에 작용하는 인력과 척력

전기력이나 자기력은 서로 잡아당기는 힘인 인력 외에 서로 밀어내는 힘인 척력도 있지요. 그러니까 과학자들은 인력에 해당하는 중력 외에, 척력에 해당하는 반중력이 있을 것이라 생각하는 것이지요. 반중력을 가진 물질의 질량은 (−)가 될 것이라 추정하지요.

하지만 아직은 반중력과 반물질이 존재한다는 확실한 과학적 근거는 없답니다. 그렇다면 일단 반중력을 가진 물질이 존재한다고 생각해 볼까요? 그래야 해리포터의 마법의 지팡이를 분석할 수 있을 테니까요.

우주의 미아가 된 해리포터

반중력을 가진 마법 빗자루를 탄 우리의 주인공, 해리 포터는 신나게 하늘을 날아다니며 퀴디치 게임을 할 수 있을까요? 정답은 No! 입니다. 해리 포터는 반중력의 마법 빗자루를 타고 하늘을 날아오르는 순간 지구를 이탈하여 우주의 미아가 될 거예요. 왜냐고요? 다음 이야기를 자세히 보세요.

반중력을 내는 마법 빗자루는 중력의 반대 방향의 힘을 받아요. 그래서 시간이 지날수록 점점 지구로부터 멀어지지요. 또한 해리 포터는 반중력에 의해 중력의 힘이 상쇄되므로 무중력 상태(정확한 표현은 '무게가 없는 상태'입니다.)에 있습니다. '무중력 상태'에서 지구로부터 점점 멀어지는 해리 포터의 운명은 어떻게 될까요?

해리 포터의 운명을 알기 위해서, 먼저 지구에 있는 우리가 어떤 운동을 하고 있는지 살펴보기로 해요.

지구는 약 1,670km/h의 속도로 자전하고 있어요. 다시 말해 지구 표면에 있는 우리를, 지구 밖에서 외계인들이 바라본다면 우리는 모두 1시간에 약 1,670km의 속도로 서쪽에서 동쪽으로 이동하고 있는 것처럼 보일 거예요. 이 속도는 제트 점보 비행기의 약 2배에 해당하는 빠른 속도이지요.

뿐만 아니라 우리는 108,000km/h의 빠른 속도로 태양을 중심으로 공전하고 있어요. 그러니까 외계인들이 좀 더 먼 곳에서 우리를 바라보면 우리는 정말 빠른 속도로 우주여행을 하고 있는 것처럼 보일 거예요. 그런데 우리는 이렇게 빠른 속도를 느끼지 못하고 살고 있지요. 그것은 우리가 태어

☀

반중력의 의미

저명한 SF작가인 아서 클라크는 21세기 중반이면 반중력의 실마리가 발견될 것으로 예측한 바 있다. 왜냐하면 반중력의 응용은 현재 우리의 에너지 문제를 한꺼번에 해결해 줄 수 있는 일로, 인류의 새로운 문명을 창조할 수 있는 계기가 될 수 있기 때문이다.

천문학자들의 연구에 따르면 존재하는 물질의 대부분(약 96%)은 아직 정체를 알 수 없는 '암흑 물질'과 '암흑 에너지'라고 한다. 따라서 이들은 우리가 아는 중력과는 다른 미지의 힘이 작용하고 있을지도 모른다는 생각을 하고 있다.

날 때부터 지구의 중력에 이끌리어 지구와 함께 운동을 하고 있기 때문이지요. 이를 뉴턴은 관성의 법칙으로 잘 설명하고 있어요. 우리는 태어날 때부터 관성이라는 운동의 성질 때문에 그것을 느끼지 못하는 거지요.

그런데 만약에 해리 포터처럼 반중력을 가진 마법의 빗자루에 올라타고, 무중력의 상태가 된다면 앞에서 말한 관성을 잃게 된답니다. 그러면 엄청난 공전 속도와 자전 속도로 움직이는 지구에서 이탈하게 되지요. 해리 포터가 계속 지구에서 자신의 위치를 유지하려면, 서쪽에서 동쪽으로 1,670km/h의 속도로 지구 둘레를 돌아야 할 것이고, 또한 지구 공전 방향과 같은 방향으로 108,000km/h의 속도로 날아야 할 거예요. 만약에 잠시라도 그렇게 움직이지 않는다면 해리 포터는 지구를 떠나 우주의 미아가 될 거예요. 이러한 현상은 지구를 침략한 비행 물체에게도 같이 일어날 거예요.

그러니까 결론적으로 반중력을 이용하는 것은 현명한 방법이 아니에요. 계속 지구로부터 멀어지지 않기 위해서는 지구 반대 방향으로 힘을 주어야 하고, 지구의 자전과 공전을 따라 계속 이동해야 하기 때문에 이중으로 에너지를 소비하게 되는 셈이지요.

1. 만유인력과 중력

만유인력과 중력은 같은 의미를 가진 용어이다. 다만 지구의 만유인력을 표현할 때는 중력이라는 말을 더 많이 사용한다. 그리고 중력은 지구 중심 쪽으로 향한다.

2. 인력과 척력

두 물체가 서로 잡아당기는 힘을 인력이라고 하고, 서로 밀쳐내는 힘을 척력이라고 한다. 전기력이나 자기력은 인력과 척력이 모두 있으나 만유인력의 경우에는 현재까지 인력만 존재하는 것으로 알고 있다.

3. 반중력

반중력은 중력과 반대인 성질을 가진 힘이다. 즉, 모든 것을 밀어내는 성질을 가지고 있어야 한다.

찾아보기

ㅈ

소설 속에 과학이 쏙쏙!!

지은이 · 장정찬, 손영운
펴낸이 · 조 승 식
펴낸곳 · 도서출판 이치사이언스
등 록 · 제9-128호
주소 · 서울시 강북구 수유2동 240-225
홈페이지 · www.bookshill.com
E-mail · bookswin@unitel.co.kr
전화 · (02) 994-0583
팩스 · (02) 994-0073

2006년 1월 25일 1판 1쇄 발행
2013년 4월 5일 1판 6쇄 발행

값 11,000원

ISBN 89-91215-11-4
89-91215-08-4(세트)